EL FOTÓN: LA PARTÍCULA QUE DIO ORIGEN A LA MATERIA

Un acercamiento a la verdadera historia del Origen de la Materia y del Universo desde antes del Big Bang y los sucesos posteriores

JAVIER ARIAS GARCÍA

«EL FOTÓN LA PARTÍCULA QUE DIO ORIGEN A LA MATERIA»

Copyright © 2024 por Javier Arias García. Todos los derechos reservados.

Este libro es un trabajo de investigación basada en los últimos hallazgos científicos, apoyados en la Física aplicada, en la Filosofía (Metafísica y Cosmología), etc. El propósito es exponer a manera de hipótesis, que la verdadera partícula que dio Origen a la Materia, al Universo y a muchos otros fenómenos, es el «Fotón» y no el Bosón de Higgs. Para ello se ha hecho una recopilación de hechos y teorías ampliamente conocidas y cuidadosamente exploradas, plateadas por científicos, filósofos y eruditos: Nicolás Copérnico, Isaac Newton, James Clerk Maxwell, Michael Faraday, Heinrich Hertz, Max Planck, Albert Einstein, Georges Lemaitre, Luis-Víctor de Broglie, Alexandr Friedman, Nikola Tesla, Fred Hoyle, Gottfried Leibniz, León Lederman, Peter Higgs, Stephen Hawking, Erwin Schrödinge, Werner Heisenberg, Paul Dirac, René Descartes, Baruch Spinoza y otros no menos importantes; así como por reconocidas instituciones y organizaciones de carácter científico a nivel mundial.

Los nombres, personajes y eventos pueden ser producto de la imaginación del autor. Cualquier parecido con personas reales, es una coincidencia.

Ninguna parte de este libro puede ser utilizada o reproducida de ninguna manera sin permiso por escrito, excepto en el caso de citas breves incorporadas en artículos críticos o reseñas.

Para información contactar: +57 3205660322

http://www.origendelorigen.com

Diseño de libro y portada por Edukatis Servicios Profesionales

Primera edición: Enero 2024

10 9 8 7 6 5 4 3 2 1

CONTENIDO

INTRODUCCIÓN 1

BENEFICIOS DE ESTE LIBRO 1

CAPÍTULO I 45

Hipótesis 1. El Estado Inicial del Universo conformado por Energía Oscura y algunas partículas virtuales 45
   1.1. El Vacío Cuántico: Una Realidad Invisible 48
   1.2. El Estado Estático del Universo primigenio 50

Hipótesis 2. La existencia de un Fondo Cósmico Fotónico 51
   2.1. Los fotones sí tienen masa y carga eléctrica 54
   2.2. La Radiación Cósmica. Materia Oscura. Energía Oscura. 55
   2.3. Expansión del Universo 57
   2.4. Las ondas electromagnéticas no transportan fotones 62

Hipótesis 3. Si el Universo es el efecto, ¿cuál fue la causa? 69
   3.1. De una gran explosión, el *Big Bang* 71
   3.2. Del Bosón de Higgs 79
   3.3. De los Fotones 81

Hipótesis 4. Cómo se originó la *Luz* 88
   De la Energía Oscura a la Aurora del Universo 88
   El Big Bang verdadero 92

Hipótesis 5. Cómo se originó la Materia en el Universo 92
   5.1. Materialización de los fotones o de la energía-masa fotónica 96
   5.2. Ejemplos de conversión de energía en materia y viceversa 98

CAPÍTULO II 101

Hipótesis 6: El Fotón y no el Bosón de Higgs, fue la verdadera partícula generadora de la materia 101
1. La formación del Bosón de Higgs (H°) 103
2. El Fotón, la verdadera partícula generadora de la materia o Partícula Divina 111

CAPÍTULO III 131

Hipótesis 7: Otras manifestaciones de la evolución de la Energía y la Materia 131
7.1. Las Partículas Elementales 132
7.2. Evolución de la Burbuja Plasmática o Bola de Fuego 133
7.3. Las Partículas Subatómicas Compuestas 137

Hipótesis 8. El *Neutrón*, la primera partícula compuesta de la naturaleza. Un prodigio de la Naturaleza 142
8.1. Estrella de Neutrones o Plasma de Neutrones 145
8.2. Los Neutrones fueron los generadores del Bosón de Higgs 148
El Bosón de Higgs participó en la formación del Hidrógeno. 150
¿Qué es un átomo? 150

CAPÍTULO IV 153

Hipótesis 9: Nacimiento de la Primera Estrella o Estrella Madre 153
La Etapa de Pre-Secuencia Principal: Estrella de Neutrones 155
Tercera Etapa: Evolución de la Estrella a Subgigante y a Gigante Roja 161
Cuarta Etapa: Rama Asintótica Gigante (AGB). Núcleo de Carbono 169
Quinta Etapa: Núcleo de Hierro (Fe) 172

CAPÍTULO V 179

1. Un Universo nuevo 179
2. ¡Y todo quedó listo para la formación del Universo que nos rodea! 182

REFLEXIONES ACERCA DEL UNIVERSO 192
Algunos datos de interés y reflexiones finales 199

RECONOCIMIENTOS 204

BIBLIOGRAFÍA 206

ACERCA DEL AUTOR 209

INTRODUCCIÓN

La Odisea del Universo: De la Energía Oscura a Nuestro Hogar Cósmico

El universo ha sido un misterio en constante desarrollo y expansión, una historia de transformaciones asombrosas que comenzó hace miles de millones de años. Desde la enigmática y eterna existencia de la **Energía Oscura**, hasta la formación de nuestro propio planeta. Cada paso ha sido un capítulo fascinante en la historia cósmica. Acompáñame en este viaje desde los confines más oscuros del universo hasta la familiaridad de nuestro hogar planetario.

El propósito de este libro de *Física y Filosofía aplicadas*, es que gracias a las investigaciones en el ámbito de las principales ramas de la Física, de la Filosofía (Metafísica), etc., nuestros lectores puedan ampliar sus ideas y aclarar los misterios existentes acerca de «**El verdadero Origen de la Materia**» y del Universo.

Consta de 9 *hipótesis*, las cuales corresponden a la aplicación y ampliación de teorías, hipótesis e ideas ya existentes; pero ahora soportadas por las últimas investigaciones, experimentos y hallazgos científicos, publicados en todos los medios, incluidas revistas científicas de alto impacto, sobre los fenómenos y procesos que produjeron como efecto la generación de la materia y del universo. Todo esto, organizado en un novedoso contexto científico y filosófico, que explicará y aportará pruebas de que el verdadero Origen de la Materia proviene de una partícula denominada «**Fotón**».

La idea de escribirlo surgió al final de una de las reuniones periódicas con algunos amigos con los que he tenido alguna afinidad intelectual, tanto para mantenernos unidos como para compartir nuestras experiencias y celebrar los progresos obtenidos. Entre ellos se encontraban: Alejandro, Víctor, Angema, Amelia, Benji, Ela, Nancy, Jaime, Andrés y algunos profesores de física, investigadores científicos y amigos; todos motivados por la curiosidad y la necesidad por conocer el origen de la **Materia** y del Universo, tan maravilloso y misterioso, así como los enigmas que alberga.

Con las investigaciones se procurará responder de la mejor manera posible, entre otras, a las preguntas que se hizo Stephen Hawking y que casi todos compartimos: «*¿Tuvo el universo un inicio? ¿De dónde viene el universo? ¿Cómo y por qué empezó? ¿Qué estalló en el Big Bang? ¿Por qué estalló? ¿Qué había antes del gran estallido?......*».

Igualmente vamos a poder ampliar los conocimientos en temas de actualidad, entre ellos:

1. La existencia de un Universo anterior a la Gran Explosión (Big Bang), un vacío cuántico constituido por **Energía Oscura**, conformada por fotones en estado de reposo y, en medio de la cual flotaban algunas

partículas virtuales, que son aquellas que tan pronto aparecen también desaparecen, seguramente quarks y gluones.

2- El verdadero origen de la Luz y la Materia a partir de los Fotones.

3- La Materia Oscura y la Energía Oscura compuestas por fotones.

4- El comportamiento de las partículas elementales, especialmente los **fotones** (partículas de Luz, de sonido, Wifi, G5, microondas, rayos X, etc.) y cómo con éstos se originaron la Luz y la Materia.

5- Cómo se formó la Primera Estrella del Universo.

La curiosidad que provocaron estos temas, despertó el interés por profundizar en lo relacionado con el **Origen de la Materia** y del **Universo**; además, porque desde muy jóvenes nos hacíamos preguntas acerca del origen de todo lo que nos rodea y, algunos habíamos incluso comenzado a buscar información en el colegio, luego en la universidad y en las bibliotecas; pero observamos que en las ideas y descripciones científicas y filosóficas, algo no encajaba con nuestros interrogantes acerca del Origen del Universo.

Para tratar de obtener las respuestas, convinimos entonces, en empezar a reunirnos cada semana y decidimos iniciar una exhaustiva investigación científica de todo lo que se relaciona con la Física y sus ramas y, con la Filosofía, hasta poder lograr un acercamiento a la historia más temprana del Origen del Universo, desde un momento cero, anterior al Big Bang, su evolución y sus transformaciones.

La primera reunión fue en la Facultad de Física, de la universidad, donde algunos habían estudiado Física Aplicada, Ingeniería Fotónica, Física Cuántica, Filosofía, Cosmología y otras profesiones, todos interesados en investigar y profundizar más sobre los últimos avances científicos acerca del **Origen de la Materia y del Universo.**

Empezamos con las preguntas anteriores y las siguientes que se hizo Stephen Hawking: …. «¿Por qué estamos aquí? ¿De dónde venimos? ¿Cómo se comporta el universo? ¿Cuál es la naturaleza de la realidad? ¿De dónde viene todo lo que nos rodea? ¿Necesitó el universo un Creador?» y se respondió: «Tradicionalmente, estas son cuestiones para la Filosofía, **pero la Filosofía ha muerto**».

En esta reunión se convino que para dar respuesta a tantas preguntas que saltan a la mente, deberían organizarse las investigaciones soportándolas básicamente en la *Física* y en la Filosofía *aplicadas*, retrocediendo hasta algo que podríamos llamar un momento cero, anterior al Big Bang o instante en el que se inició la Evolución de la Energía y la Materia y empezamos a unir todas las teorías, las ciencias, los experimentos, los conocimientos, existentes; en fin, todo lo necesario para resolver las incógnitas que siempre hemos tenido y que tuvo Stephen Hawking, acerca de cómo se originó el Universo y compartimos su afirmación: «*Si conociéramos estas respuestas sería el triunfo definitivo de la razón humana, ….* ».

Para ello, me animaron a que escribiera un libro, profundizando en el conocimiento del antes, los recursos y la *causa* de este *efecto* maravilloso que llamamos Universo, en el cual «*la energía y la materia no se crean ni se destruyen, sino que simplemente, se transforman*». ¡Como si la una permaneciera en la otra y viceversa!.

Entonces, amplié la idea de que las respuestas se podrían lograr con *la Física y la Filosofía aplicadas*, resultando que tras de largos años dedicados a la investigación científica, me decidí a elaborar este libro, con al cual trataré de que algún día: *sí se puedan conocer esas respuestas y sí «se pueda dar el triunfo de la razón»*, sobre los dogmas existentes y sobre algunos modelos científicos anacrónicos.

Veremos los más recientes desarrollos científicos, que nos ampliarán la comprensión del Origen del Universo a partir de la energía-masa fotónica y los sucesos posteriores, así como la utilización de **fotones** en la computación y la Teleportación cuánticas

Gracias a la *Física aplicada*, sabemos que todo en el Universo material, incluido nuestro propio cuerpo, está formado por átomos; y puede sorprendernos saber que, si descomponemos un átomo, sólo obtenemos un 2 % de la masa (materia) total de él. El restante y descomunal 98 %, proviene de la energía de enlace necesaria para mantener unidos sus componentes. Es decir que, nosotros mismos somos más energía que materia, igual que todo lo que nos rodea.

Esto significa que la energía permanece dentro de la materia, unida a ella, constituyendo un **todo**. De esta manera, no existe pues un **todo** de energía y un **todo** de materia, sino un **todo** de energía-materia. Tal como nuestro propio cuerpo, que también es un **todo** de energía-materia, en el cual no podemos separar la una de la otra.

Conoceremos que el Universo y la naturaleza, no se rigen por un Ego intencional, no tienen un *propósito* definido, no tienen un *plan*, no hacen diseños, no ejercen control, porque sólo siguen un orden natural. De hecho, veremos que *el tiempo no existe en la naturaleza*, ni ella tiene la programación para determinar por ejemplo, el tiempo, las fecha, la hora, el lugar exacto y el propósito para el inicio y terminación de las estaciones el año próximo, del próximo sismo, de la siguiente tormenta, del eclipse que viene o del brote de una flor o de un fruto que ha de aparecer.

El propósito y los planes hacen parte tan solo del dominio y del ámbito racional del ser humano y no de la naturaleza como tal.

Efectivamente, la naturaleza actúa según sus propias leyes. De hecho, *las leyes de la naturaleza* se han venido formando por el surgimiento de fenómenos naturales y las interacciones entre ellos y por su repetición de una manera constante y armónica. El Universo y la naturaleza, en su conjunto parecen perfectos o uniformes; pero en el detalle, no lo son. Por ejemplo, no existen dos manzanas perfectamente iguales en color y tamaño o dos nubes iguales o dos relámpagos exactamente iguales o dos individuos idénticos, etc.

En este libro partimos de la base de que tuvo que existir un Universo anterior a la Gran Explosión (Big Bang), un vacío cuántico formado por **Energía Oscura**, en medio de la cual flotaban algunas partículas virtuales. Dicha **energía** o sustancia que ha existido desde siempre y que impregna y conecta todo el **firmamento**, que vemos como vacío, está constituida, casi en su totalidad, por unas partículas, llamadas *fotones* en estado de reposo que, además de tener energía-masa cercana al cero absoluto, que las hace transparentes, también tienen vida estable (nunca se desintegran, son eternas), cumpliendo las leyes de la conservación de la Energía y la Materia, aunque éstas permiten la transformación de la una en la otra.

El infinito firmamento se ha presentado siempre como un **Fondo Cósmico Fotónico**, un *Éter no siempre lumínico*, una sustancia formada por *fotones*, un **medio** que facilita que a través de él:

1- Pueda fluir la radiación electromagnética, por la cual percibimos la luz, el sonido, la temperatura, etc.

2- Se pueda transmitir la Fuerza de la Gravedad o Gravitación Universal y en él puedan flotar todos los cuerpos celestes.

3- Todo un resto de fenómenos que veremos en este libro.

Conoceremos que el Universo material ha estado flotando en medio de un vasto fondo de Energía Oscura y de Materia Oscura, según las siguientes consideraciones:

1. Que existe un Fondo Cósmico del Universo a manera de un Fondo Cósmico Fotónico o Éter (lumínico y no lumínico).

2. Considerar el Universo en su contexto total como una esfera abierta tal como lo es el Sol; pero prolongada hasta el infinito y conformada por una especie de sustancia etérea compuesta por **fotones**, que componen la Energía Oscura, la Materia Oscura y otras formas de energía-masa. Y si esto pudiéramos visualizarlo desde un centro hipotético hasta el infinito, tendríamos:

2.1. En el centro hipotético ha de encontrarse el Universo Material o Fondo Cósmico Óptico, que es en el que vivimos, inmerso en medio de todos los tipos de radiación electromagnética como la luz, el sonido, etc. Dicho fondo constituye apenas un 5% de la materia del Universo total. El Universo Material que termina rodeado por una pequeña franja o Fondo de infrarrojo, se halla flotando en medio de la Materia Oscura y la Energía Oscura.

2.2. Alrededor del Universo Material se encuentra el Fondo de la *Materia Oscura*, conformado por **fotones casi en estado de reposo.** Ella constituye como el 23 % de la energía-masa del Universo total.

2.3. Alrededor de la Materia Oscura, en la parte más lejana de la abierta esfera celeste, se encuentra la *Energía Oscura*, conformada por **fotones en estado de reposo**, con energía-masa cercana al cero absoluto, por lo que sólo emiten el mínimo grado de energía electromagnética necesario para mantenerse conectados en el vacío cuántico. La **Energía Oscura** es la más abundante ya que constituye un 72 % de la energía-masa del Universo total.

Pero estos porcentajes varían con la *permanente Expansión del Universo*, fenómeno éste, que se ha convertido en uno de los mayores misterios para los astrofísicos, constituyendo *un desafío a la teoría de la Relatividad Genera* de Einstein, ya que se desconoce la dinámica del Universo y, las mediciones que se ha venido utilizando no son de alta precisión y parecen ser erróneas. Además, ahora se sabe que la gravedad a escala cósmica no funciona como lo postuló Einstein y los cálculos sólo serían válidos a una escala local, como por ejemplo, en la galaxia y el sistema solar, donde nos encontramos.

La Energía Oscura y la Materia Oscura, no es que estén compuestas por partículas oscuras. Lo que las hace oscuras es la ausencia de luz y como son tan infinitas, crean un fondo también tan infinito, que lo vemos oscuro, pero la verdad es que ellas son transparentes porque están formadas por **fotones** en estado de reposo con energía-masa cercana al cero absoluto, que los hace transparentes.

Tal como el mar que mirado desde el aire, lo vemos oscuro; pero él está formado por infinitas gotas de agua transparentes. Igual sucede cuando se va a desatar una tormenta que las nubes y el cielo se oscurecen por la concentración de gotas de agua.

¡Mucho ojo!: La Energía Oscura y la Materia Oscura también se presenta en las regiones donde no alcanza a llegar la luz de las estrellas, tal como en la noche cuando carecemos de la luz solar y del reflejo de la Luna, que aunque los fotones permanecen casi que en estado de reposo, las tinieblas nos rodean por doquier.

Importantísimo, conoceremos que de la **Energía Oscura** que conformaba el estado inicial del Universo, un grupo de sus **fotones**, provocó la **Ruptura de la Simetría** existente, generando una **gran explosión (Big Bang)**, a manera de una enorme Chispa, dando así origen a la Luz y a la Materia (Electrones).

Y más importante aún, es que vamos a conocer que los **fotones** realmente poseen varios grados de energía y masa, veamos sólo dos:

1. Los fotones que conformaban la Energía Oscura del Estado inicial del Universo, con una energía- masa cercana al cero absoluto, ya que eran fotones en estado de reposo.

2. Los Fotones de la Luz Visible, con Energía (carga eléctrica) de 3×10^{-33} y masa aproximada a 10^{-2} eV/c^2.

De hecho, los científicos han encontrado la manera de atrapar, almacenar y controlar **fotones de luz** en operaciones lógicas digitales y otras aplicaciones, utilizando la *manipulación óptica*.

Dado pues que, los **fotones** tienen energía-masa, esto provoca que los rayos de luz se curven al pasar por la Tierra y otros cuerpos celestes, como efecto de la gravedad de éstos.

Por lo tanto, quienes afirmen que los **fotones** carecen de algún grado de energía y masa, cometen *un grave engaño con los lectores, con los estudiantes de Física Cuántica y con la ciencia en general*. Ello es como negar que el nitrógeno, el oxígeno, el dióxido de carbono, etc., existentes en el aire, carecen de energía y masa sólo porque no podemos verlos, aunque ellos constituyen una realidad objetiva.

En el capítulo II veremos que a la luz de los últimos hallazgos científicos, las partículas que hipotéticamente dieron origen a la **Materia**, fueron: el **Fotón** (con masa $\approx 6\times10^{-17}$ eV/c^2)[1] y el **Bosón de Higgs**, con una inmensa masa de 125.3 ± 0.4 GeV/c^2, las cuales deben llenar muchos requisitos especiales.

Entonces veremos que la *Materia* no surgió a partir de la *nada* como lo sugiere la teoría del Big Bang, ni del Bosón de Higgs, sino de todo un proceso fenomenológico anterior, que permitió que la energía-masa de un grupo de **fotones** que componían la infinita **Energía Oscura** primigenia, gracias a su capacidad de ir adquiriendo energía-masa, de manera natural presentaron una *singularidad* pudiendo romper la Simetría del Universo y dar Origen a la **Luz** y a la **Materia**, representada en los primeros **Electrones**.

Debemos saber que una Singularidad, desde un punto de vista físico, puede definirse como «un fenómeno natural presentado en una zona del espacio-tiempo (en este caso, en el firmamento infinito), donde no se puede definir alguna magnitud física»; es decir que ninguna ley física puede ser aplicada.

Ejemplos de *singularidades* o fenómenos naturales, los tenemos en: los huevos de dos yemas, la formación de gemelos, la diversidad de especies animales y vegetales, la formación y direccionamiento exacto de los tornados y huracanes, las sequías, las tormentas eléctricas con sus rayos, los sismos y terremotos, etc.

Las investigaciones también nos indicaron que al principio, sólo existía un firmamento constituido por **fotones** con energía-masa tan diminutas que eran cercanas al cero absoluto, lo que las hacía transparentes y todo en estado de aparente reposo y **Simétrico**; pero como según las leyes de la naturaleza, la energía-masa tiene la propiedad intrínseca, de poderse transformar en *materia real*, entonces aquel estado, no tenía por qué permanecer eternamente así en todas sus partes y, de hecho, no permaneció así.

En efecto, todo indica que gracias entre otros fenómenos a:

1- La existencia de *una pequeñísima asimetría*, entre la energía-masa de un grupo de fotones y de sus antipartículas los antifotones y que *esa ligera asimetría*, pudo causar que, *en alguna región del Estado inicial del Universo*, se formara *un pequeño excedente de energía*, facilitando que los fotones y los antifotones (que según la física cuántica son ellos mismos), empezaran a realizar colisiones elásticas, que se presentan sin violar las leyes de la conservación de la energía y la materia.

2- Al roce y al electromagnetismo de ese grupo de **fotones**.

3- A su capacidad de manejar distintos grados de energía-masa desde el punto cero (cercana al cero absoluto).

Esto facilitó que fueran adquiriendo energía-masa a partir del punto cero (diferente al cero absoluto), presentándose una concentración de energía estática, que al alcanzar su nivel crítico provocó una *Ruptura espontánea de la Simetría reinante*, mediante una descarga electrostática, a manera de una ***gran explosión*** (**Big Bang**), en forma de una inmensa *Chispa* (*Luz*), representada en **electrones** (**Materia**).

¡Fue así, como los Fotones dieron origen a la Materia!

Ahora bien, la abundancia de **energía** de aquella **explosión** en forma de una enorme *Chispa*, con sus descargas eléctricas, facilitó a muchas *partículas virtuales*, que se encontraban a su alrededor, pudieran tomar de esa energía y convertirse en *partículas reales*, tales como los **quarks**, quedando ahora la naturaleza con dos partículas de **materia**: los **electrones** y los **quarks**, los cuales, con otras partículas de energía, los gluones, se integraron a la Chispa.

Dado que en cualquier sistema, formación o cuerpo masivo, casi toda la materia que lo constituye es atraída hacia el centro, por su fuerza gravitatoria, aquella inmensa Chispa inmediatamente, se transformó en *una **bola de fuego**, un estado de plasma o una esfera luminosa*, algo así como el primer Solecito flotando solitario en medio de la **Energía Oscura** del infinito firmamento.

Los sucesos que siguieron condujeron a que, en aquella ***bola de fuego*** compuesta de electrones, quarks y gluones, se generaran las primeras semillas o partículas subatómicas, esto es, los **neutrones** o primeras partículas compuestas del Universo, facilitando la formación de la primera **Estrella de Neutrones** *libres*, la cual es en realidad un estado plasmático, fluido gaseoso e hirviente como lo es el Sol y, en la cual, dada la corta vida de los neutrones libres (unos 15 minutos), ocurriría la desintegración de éstos.

En efecto, esta desintegración produjo la simultánea transmutación de estas maravillosas partículas en *pentaquarks*, que permitieron la formación de los primeros protones, mesones, piones, *bosones de Higgs*, bosones $W^{\pm}$, nuevos electrones y, todo lo necesario para que posteriormente se presentara otro fenómeno en el laboratorio de la naturaleza: la transmutación final de los **neutrones libres** en **Hidrógeno**, el Primer Átomo del universo.

Veremos que, *es falso* que las Estrellas de Neutrones sean extremadamente compactas y pesadas. Ellas son verdaderos estados de plasma (como lo es el Sol) resultantes de la fotodesintegración del último núcleo, el del Hierro, que se forma en las estrellas en su agonía, el cual desaparece transformándose en Ellas.

Con la paulatina formación del Hidrógeno, se presentó otro grandioso evento, la transformación la de la **Estrella de Neutrones** en la **primera Estrella** real o **Estrella Madre**, formada de casi sólo Hidrógeno, flotando solitaria en medio de la infinita Energía Oscura.

Y gracias a que el Hidrógeno primigenio era muy inestable, se presentaron en Ella, procesos reactivos, facilitando la formación, paso a paso, de los siguientes 25 átomos de la Tabla Periódica.

Hasta que al final, a la Estrella Madre le sobrevino su agonía y transformación, terminando en otra Gran Explosion (otro Big Bang), con una enorme emisión de energía y materia en todas las direcciones, generando a su vez una Nebulosa o Supernova más una nueva **Estrella de Neutrones** (un núcleo o remanente estelar) y a su alrededor, inmensas nubes de polvo cósmico y gases de diferentes elementos. Todo formando regiones en donde quedaron esparcidos los gérmenes de toda la posterior multiplicidad de cuerpos celestes, en un viaje que continuó con la formación de nuestro **Hogar en el Cosmos: El Nacimiento del Sol y la Tierra**.

Efectivamente, dentro de esta danza cósmica, nuestra galaxia, la Vía Láctea, que se formó hace unos 13.300 millones de años (ma), fue seguida por la aparición de muchos cuerpos celestes hasta el surgimiento del Sol hace unos 4.600 (ma) y tras él, el nacimiento de la Tierra hace unos 4.550 (ma) y, la generación de la Vida en ella, hace unos mil millones de años después y, todo ha evolucionado hasta poder presenciar este maravilloso mundo que nos rodea.

Nuestro desafío es que gracias a las investigaciones y hallazgos científicos conozcamos las respuestas, lo más satisfactorias posibles, de las dudas razonables acerca del origen del **Todo**, buscando hacia atrás, la **causa** y los fenómenos que provocaron en un momento cero, **el verdadero origen de la Materia** y del Universo.

BENEFICIOS DE ESTE LIBRO

La aspiración con este libro es aportar a manera de *hipótesis*, nuevas ideas aplicando los conocimientos que nos proveen la Física, la Filosofía y otras ciencias, así como la investigación y los últimos avances científicos, acerca del Universo. Nuestros lectores van a poder contar con teorías actualizadas, basadas en una exhaustiva recolección de información organizada, de los sucesos que pueden acercarnos a comprender mejor el Origen y formación del Universo.

La Física aplicada nos permite ampliar la comprensión de la realidad natural, a partir de la búsqueda de soluciones creativas basadas en el conocimiento, que permite comprender el funcionamiento y el comportamiento de los componentes principales del Universo, gracias a la interacción entre la energía y la materia.

Las *hipótesis* que se van a presentar y a sustentar, a su vez, se han tomado de teorías ya existentes, teniendo como objetivo, analizar a la luz de los últimos hallazgos científicos, los fenómenos o causas que dieron origen al Universo y su evolución, organizarlos, secuenciarlos, y presentarlos en un contexto científico y filosófico.

Entre las *hipótesis* y teorías que vamos a ver, tenemos:

1. El Estado Inicial del Universo conformado por Energía Oscura compuesta por fotones en reposo y algunas partículas virtuales.
2. La existencia de un Fondo Cósmico Fotónico.
3. Si el universo es el efecto, ¿cuál fue la causa?
4. Cómo se originó la **Luz** en el Universo
5. Cómo se originó la **Materia**
6. El **Fotón** y no el Bosón de Higgs, fue la verdadera partícula generadora de la materia
7. Otras manifestaciones de la evolución de la Energía y la Materia.
8. El Neutrón, la primera partícula compuesta de la naturaleza. Mediante ella se formaron: El Bosón de Higgs, los protones y los primeros átomos.
9. El Nacimiento de la Primera Estrella del Universo o Estrella Madre. Cómo dentro de ella se formaron los primeros 26 átomos de la naturaleza.

En el transcurso del libro se seguirán las principales fases del método hipotético-deductivo, de las *hipótesis* ya citadas, basadas en el estudio, búsqueda, exploración y recopilación de pruebas, aplicando para ello, el método científico. He sido partidario de practicar la duda metódica promovida por René Descartes en el siglo XVII, buscando poder reconstruir la historia del Origen del Universo, desde un momento cero, anterior al Big Bang y los sucesos posteriores.

Cada paso será un evento fascinante en la historia cósmica. En el viaje desde los confines más oscuros del Universo en su Estado Inicial, hasta la familiaridad de nuestro hogar planetario:

El Estado Inicial del Universo conformado por **Energía Oscura** → La existencia de un Fondo Cósmico Fotónico → La existencia de unas partículas denominadas fotones, que son las generadoras de todas las formas de energía y materia en el Universo → Ruptura de la Simetría del Universo (**Big Bang**, fecha incierta) a manera de una inmensa *Chispa* compuesta de Electrones → Generación de la *Luz* y de la *Materia* (*primeros electrones*) → Formación de una bola de fuego o burbuja plasmática → Plasma de **Quarks-Gluones** → Formación de los primeros **Neutrones libres** en la Burbuja → Plasma de Neutrones o primera Estrella de Neutrones del Universo, flotando solitaria e iluminando una pequeña parte de la infinita Energía Oscura reinante en el firmamento primigenio → Desintegración y transmutación de los neutrones en: → 1) **Pentaquarks** (partículas exóticas) → 2) los primeros **Protones** y mesones (piones) → 3) Protones y **Bosones de Higgs** → 4) Protones y Bosones $W^{\pm}$ → 5) **Protones** (p^+) + **Electrones** (e^-): (p^+ + e^-) conectados ($p^+ \leftrightarrow e^-$) formando → 6) los primeros **Átomos de Hidrógeno** (Protio, $p^+ \leftrightarrow e^-$), los primeros átomos formados en el laboratorio de la naturaleza → 7) Formación de la Primera Estrella o **Estrella Madre**, en su etapa de Secuencia Principal, tal como ha sucedido con el Sol; pero flotando solitaria e iluminando una pequeña parte de la infinita Energía Oscura reinante en el firmamento → 8) Formación dentro de ella de los primeros 26 átomos o elementos → 9) Agonía, muerte y transformación de la Estrella Madre en una nueva **Estrella de Neutrones** (también puede ser en un Agujero Negro o en una Enana Blanca) + una Nebulosa o una Supernova → Formación de las primeras estrellas → Formación de las primeras galaxias hace unos 13.600 millones de años → Formación de nuestra galaxia, la Vía Láctea 13.300 (ma) → Formación del Sol 4.600 (ma) → formación de la Tierra 4.550 (ma).

Ahora, veamos una brevísima presentación de cada ***hipótesis***, así:

1. El Estado Inicial del Universo compuesto por Energía Oscura constituida por fotones en reposo y algunas partículas virtuales.

En sus inicios, el universo era un infinito fondo de **Energía Oscura**, una misteriosa precursora de todo lo que estaba por venir.

El estado inicial del Universo ha sido un misterio que ha intrigado a la humanidad y a la ciencia durante siglos. Pero gracias a los avances en la física y la cosmología, hoy sabemos que antes del Big Bang, hubo un estado inicial *de vacío aparente y energía mínima* sumergida en él, marcado por la presencia de la **Energía Oscura**.

Esta Energía ha sido la responsable de mantener la *energía del vacío* y ha estado compuesta por infinitas partículas, en estado de reposo denominadas ***fotones***, en medio de los cuales existían algunas partículas virtuales, que tan pronto aparecían también desaparecían (seguramente quarks). Era un firmamento *homogéneo* ya que la densidad de la energía-materia y la radiación eran las mismas en todas partes; era también *isotrópico*, esto es, que parecía tener las mismas propiedades en todas direcciones y, además, era simétrico.

Era como un *vacío aparente* o cuántico, dado que para la Física el vacío absoluto no existe, tal como muchos lo interpretamos basados en la experiencia mental que tenemos del **vacío**, como la ausencia de cosas visibles. En efecto, *no es real* el ***vacío aparente*** que creemos que existe entre la Tierra y el Sol o entre los cuerpos celestes o entre dos personas u objetos separados por un espacio o distancia, en el cual no hay nada visible, ya que, en realidad, desde siempre ha existido una especie de sustancia (la energía compuesta por fotones) que impregna y conecta todo, parece que tal vacío puede contener neutrinos y otras partículas generadas después del Big Bang, tan pronto, se formó la primera Estrella de Neutrones del Universo.

Nos han enseñado que, «*el vacío es la ausencia de materia en un determinado espacio o lugar*»; pero esta definición sólo implica «*ausencia de **materia***» aparente; pero no de ***energía***. De hecho, los científicos han encontrado la manera de observar la existencia de partículas en el vacío y de atrapar y almacenar ***fotones*** de luz a partir del vacío y de otros medios, utilizando la *manipulación óptica*, mediante trampas y pinzas ópticas. Además, todas las imágenes que percibimos, todos los sonidos, la luz y muchos otros fenómenos, es porque los fotones siempre están en todas partes.

El ***vacío aparente***, se puede ilustrar con el siguiente ejemplo: Todos hemos tenido frente a nosotros un ventilador, que al ser encendido y colocado a la máxima velocidad, sus aspas parecen haber desaparecido y vemos dentro de las rejillas o del contorno, como un espacio vacío; efectivamente las aspas parecen haberse transformado en energía y en viento; pero si le volvemos a bajar la intensidad, ese vacío aparente, volverá a ser reemplazado por las aspas.

Otro ejemplo puede ser: Cuando en días soleados miramos para el firmamento, vemos desplazarse las nubecillas sin que pueda verse qué es lo que las empuja, aunque sabemos que es un viento invisible; por lo que se concluye que no puede ser el simple vacío el que las empuja, sino que es una energía invisible diluida en el vacío, esta vez, en forma de viento. Por tanto, el vacío y la energía-masa, están correlacionados.

Finalmente, aunque entre dos o varias personas o especies, pareciera que existe un vacío absoluto, en realidad no es así, porque entre ellas existe un intercambio de energía cuya circulación, aunque imperceptible, produce efectos de atracción, de comunicación visible e invisible, etc., que afectan las interacciones entre ellas. Un ejemplo lo tenemos en la Telepatía o capacidad de comunicarse entre los humanos y otras especies distantes entre sí, sin que intervengan agentes físicos conocidos. Por ello, es muy importante estar siempre conectados con personas y con grupos donde todos trasmitan una energía y una actitud positiva, lo cual producirá excelentes resultados.

A medida que la ciencia continúa explorando los límites del conocimiento, la comprensión del estado inicial del universo se expande, ofreciendo nuevas perspectivas sobre la energía, la materia y la naturaleza misma de la realidad cósmica y nos impulsa a explorar los misterios más profundos de la existencia.

Para ello, desde los inicios del siglo XX, hemos tenido el privilegio de contar con el desarrollo de la **Física Cuántica** también llamada **mecánica cuántica** o **física de las partículas**; pero el objeto de este libro no es estudiar esta rama de la Física, sino aprovechar los aportes que ella hace.

Y es que esta fascinante y compleja ciencia es la que estudia el comportamiento de la energía y la materia cuando las dimensiones de las partículas que las conforman son tan extremadamente pequeñas, que es necesario estudiar sus características, propiedades, funciones e interacciones, desde el ámbito del intercambio de energía en materia y viceversa. Este intercambio se realiza en múltiplos enteros de una cantidad mínima posible de energía, llamados *quantum o cuantos de energía.*

El padre de esta disciplina fue Max Planck, quien consideró que la luz estaba dividida o porcionada en partículas tan extremadamente diminutas, que las denominó: «cuantos *de energía*», a los cuales, a su vez, tanto él como Einstein, llamaron: «**fotones** o *partículas de luz*» y, el término *cuántico* proviene de quantum, que es la unidad más pequeña que constituye la luz (un ***fotón***). De ahí surgió también el nombre de la *física cuántica*.

La física cuántica introdujo el concepto de la cuantización de la energía y demostró, además, gracias al físico francés Luis-Víctor de Broglie, la dualidad onda-corpúsculo, por la cual la energía, representada en *fotones y electrones*, puede comportarse como *onda o como partícula*, esto es, como partículas de energía-materia

Al contrario que en la *física clásica*, donde las partículas y en general todo tiene valores fijos, en la *física cuántica* las partículas pueden tener valores múltiples y propiedades muchas veces contrarias inclusive al sentido común, tales como: partículas *entrelazadas*, sistemas que colapsan al observarlos, información que se teletransporta (lenguaje cripto o internet cuántica), teletransporte cuántico de partículas de luz etc.

Ya se ha comprobado que la naturaleza no obedece a la física clásica sino a la física cuántica, así: en la primera 1+1 = 2 y en la segunda 1+1 > 2, lo cual viola las leyes de las desigualdades de Bell; pues los fotones y en general las partículas y cuerpos, están en un estado de incertidumbre, ya que poseen al mismo tiempo varias cualidades y propiedades. Esto se aprecia en los experimentos de computación cuántica, teletransportación, entrelazamiento cuántico, etc.

Entre las aplicaciones de la Física Cuántica están: la *Teletransportación cuántica y entrelazamiento cuántico*. Los científicos han logrado la *teletransportación cuántica* o transferencia incorpórea de estados cuánticos de un lugar a otro, gracias a una propiedad de la física cuántica conocida como *entrelazamiento cuántico*, que es una propiedad que describe un fenómeno de la mecánica cuántica, según el cual, dos o más partículas u objetos entrelazados, no pueden definirse como elementos individuales con estados definidos, sino como un estado único que involucra a todos los elementos del sistema, aun cuando estén separados espacialmente.

Según esta propiedad de la física conocida como *entrelazamiento*, dos o más partículas generadas en unas condiciones específicas, pueden estar conectadas de tal forma que, los cambios en una de ellas se vean reflejados en otras, independientemente de la distancia que las separe. Gracias a esto, ahora se pueden manejar átomos, iones o fotones individualmente. Se ha logrado transferir propiedades de las partículas de luz (fotones) entrelazadas para transmitir datos sin conexión entre dos laboratorios muy distantes.

Si dos partículas están entrelazadas, al medir una propiedad de una de ellas, conoceremos de manera instantánea el resultado que obtendríamos al realizar esa misma medición en la otra partícula.

Por su parte, la **teleportación** es la transferencia de propiedades claves de una partícula a otra sin un vínculo físico. La teleportación cuántica con fotones, permite trasladar un estado cuántico de una partícula a otra a distancia.

En cuanto a la descripción de las **Partículas Elementales**, *que son aquellas que no tienen componentes más simples*, entre ellas, los **fotones**, las cuales pertenecen al ámbito de la Física Cuántica, las veremos más adelante.

2. La existencia de un Fondo Cósmico Fotónico

Esta hipótesis plantea que ha existido una **energía** o sustancia que ha impregnado y conectado todo el infinito firmamento, constituida por un tipo de partículas, denominadas *fotones*, que además de tener energía-masa cercana al cero absoluto, que las hace transparentes, también tienen vida estable (nunca se desintegran, son eternas), para poder garantizar la conservación de la Energía y la Materia.

La razón, según Einstein es que: «la energía y la materia son manifestaciones de la misma entidad física, esto es, de la misma substancia». Y continua: «esta substancia sólo se podría encontrar en un continuo infinito de puntos individuales que, no ocuparían lugares determinados en el firmamento aparentemente vacío».

En efecto, esta sustancia que es la que conforma la Radiación del Fondo Cósmico, está compuesta por infinitos puntos individuales, que no son otros que los **fotones**, que impregnan y conectan todo el cosmos, formando algo así como un **Fondo Cósmico Fotónico**, un *Éter* o **medio** en el cual flotan los cuerpos celestes, *necesario* para que se pueda transmitir la radiación electromagnética y la Gravedad. Dicho

Fondo es isotrópico ya que es una sustancia invisible, que posee las mismas propiedades en todas las direcciones.

Por lo tanto, es el momento de conocer: ¡Qué son estas partículas maravillosas o campos electromagnéticos, denominados *fotones*!

¿Qué son los fotones?

Son unas extraordinarias partículas que han estado presentes en la enigmática y eterna existencia de la Energía Oscura, de la Materia Oscura y de todo el firmamento y, que se han constituido la fuente de todas las formas de energía y de materia.

Gracias a la investigación científica, hoy sabemos que los *fotones*, son partículas libres, de vida estable (nunca se desintegran, son eternos), que son portadores de todas las formas de radiación electromagnética, que es una combinación de campos (en física un campo es un punto, una magnitud o una partícula o una minúscula *cuerda* vibratoria) eléctricos y magnéticos oscilantes que se propagan transfiriendo energía por todas partes y en todas formas, tales como: luz, sonido, Wifi, G5, microondas, rayos X, etc. Pero lo más importante es que los **fotones** están en todas partes, inclusive en el aire que nos rodea; es por ellos que podemos escuchar la música y los sonidos, ver los paisajes y todas las maravillas de la naturaleza.

Los **fotones** son partículas que no podemos ver, ya que cuando están en estado de reposo tienen energía-masa tan extremadamente pequeñas, como cercanas al cero absoluto, que las hace transparentes; pero primero que todo, recordemos que: 1) En Física el cero absoluto no existe, 2) Que como los fotones efectivamente existen, tienen que poseer algún grado de energía y masa. Tal es el caso de los Fotones de Luz Visible, que tienen carga eléctrica de unos 3×10^{-33} y una masa $> 10^{-2}$ eV.

Para confirmar que los Fotones sí poseen varios grados de energía y masa, veamos la siguiente ilustración:

Cuadro de Energía y Masa de los Fotones que conforman la Radiación del Universo

Fotón o Cuánto de Acción	Energía (Carga eléctrica)	Masa = E/c^2: (eVc^2) o eV
Estado inicial del Universo, *Fotones de la Energía Oscura*.	5×10^{-52} C (cercana al cero absoluto) **Fotones en reposo**	Energía-masa cercana al cero absoluto 6×10^{-17} eV/c^2
* «Cuanto de acción» o Constante de Planck (*h*)	5×10^{-48}	$4,13 \times 10^{-15}$ eV 2.176×10^{-8} Kg
Fotones del sonido	3×10^{-42}	$< 10^{-9}$ eV
Fotones de Microondas	6×10^{-39}	$< 10^{-5}$ eV
Fotones del Infrarrojo	5×10^{-37}	$< 10^{-3}$ eV
Fotones de Luz Visible	3×10^{-33}	$> 10^{-2}$ eV
Fotones de luz Ultravioleta	6×10^{-28}	$> 10^{-1}$ eV
Fotones de Rayos X y Rayos Laser	5×10^{-21}	$> 10^{3}$ eV (1 keV)

Fotones de Rayos gamma, **Electrones**	1.602×10^{-19} Partículas de **Materia**	$> 10^6$ eV, 0.511Mev
Rayos cósmicos	$3 \times 10-15$	> 109eV (1GeV)

Entonces, negar que los **fotones** poseen algún grado de energía y masa, es un grave engaño con los lectores, con los estudiantes de Física Cuántica y con la ciencia en general.

Los Fotones y la Fotónica

Podemos definir la Fotónica como el conjunto de tecnologías que aprovechan las propiedades de los **fotones** como elementos para la generación, detección de la luz y su manipulación, etc. Veamos unas pocas aplicaciones en las que se utilizan los fotones:

1. En la transmisión de datos a través de fibras ópticas.

2. En aplicaciones médicas como la imagenología, terapias, etc.

3. En la fabricación de chips ópticos, más eficientes que los chips electrónicos convencionales.

4. En la fabricación de células solares, que convierten la luz solar en energía eléctrica. Igualmente, en la fabricación de luces LED, en la fabricación de sensores ópticos, etc., etc.

El firmamento eterno e infinito está impregnado de una especie de *espuma cuántica*, una tenue sustancia, la energía de los **fotones**, unas partículas diminutas, invisibles, ligeramente *conectadas* por su magnetismo; normalmente en estado estático o de reposo (sin desplazamiento), aunque con movimiento giratorio en torno a sus hipotéticos ejes, tal como ocurre con el Sol que nos parece estático y sin embargo está en continua actividad y girando en torno a su eje.

Y algo muy importante, como el **Fondo Cósmico Fotónico** está impregnado de **fotones** que mantienen *conectado* el firmamento; ellos permiten que se pueda transmitir la Fuerza de la Gravedad e inclusive la *Teleportación cuántica* o capacidad de transferir de manera inmediata y a cualquier distancia, información, imágenes, sonido, etc., usando partículas cuánticas entrelazadas (fotones).

Para ilustrar mejor, la existencia de dicho **Fondo**, tanto en el firmamento como en cualquier lugar, incluido nuestro hogar alberga la radiación electromagnética, esto es, que todo está impregnado y conectado por **fotones**, que nos permiten iluminarlo cuando encendemos una lámpara, escuchar música cuando encendemos el equipo de sonido y, si sentimos calor, refrescarnos al encender el aire acondicionado o, volvernos a calentar si encendemos la calefacción e igualmente, disfrutar de todos los equipos y electrodomésticos.

Estos fenómenos se producen gracias a la propiedad que tienen estas partículas transparentes, de adquirir o perder energía-masa, cuando son excitadas por estos mecanismos; pero cuando se inactiva el mecanismo, los **fotones** entran a su estado natural o de reposo.

La explicación completa referente a estas maravillosas partículas y a la forma como generaron el primer Big Bang y con él la **Materia**, la encontramos en el CAPÍTULO II.

Fue Gottfried Leibniz (1646-1716), quien defendió una física basada en la **energía**, ya que «*ésta es la que hace posible el movimiento*» y postuló una nueva concepción del **espacio** como «*un continuo de puntos materiales con fuerza asociada, no solo a partículas de tamaño finito…*».

Igualmente, James Clerk Maxuell (1831-1879) predijo que: «*las fuerzas* (energía) *en forma de campos* (partículas)*, se propagaban por el espacio a una velocidad finita, la de la luz*» y le parecía que se necesitaba de un *medio* que soportase los campos eléctricos y magnéticos, así que adoptó la idea de un ***Éter*** (un aire, un firmamento, una sustancia transparente propuesta por el filósofo griego Anaxímenes defendida y mejorada por muchos hombres de ciencia), como el *medio* impregnado de una energía *que lo conectaba todo*.

Hoy sabemos que esa *energía* a manera de *campos* vibratorios, son las partículas denominadas **fotones** y que el *medio* que soporta estos campos electromagnéticos ha de ser el firmamento infinito; pero a manera de un **Fondo Cósmico Fotónico**, un *Éter no necesariamente lumínico en las diversas parte del firmamento infinito*. También sabemos que un campo electromagnético es una combinación de ondas eléctricas y magnéticas invisibles, producidas y a la vez afectadas por la oscilación de partículas (campos, fotones) con diferentes grados de carga electromagnética.

Y en dicho **medio**, que impregna el infinito firmamento, flotan todos los cuerpos celestes y nos encontramos nosotros mismos, que vivimos en el hipotético centro o **Fondo Cósmico Óptico** o visible, formado por el Sol, la Tierra, las estrellas y demás formaciones celestes. Este fondo representa el Universo Material y, es algo así como el 5% de todo el

Universo, mientras que el 95% está constituido por **energía**, así: ≈ un 23% de Materia Oscura, que es casi sola Energía y ≈ un 72% de Energía Oscura; pero estos porcentajes varían con la *permanente Expansión del Universo*, teoría expuesta en 1922 por Aleksandr Friedman y en 1927 por Georges Lemaitre y, demostrada por Edwin Hubble en 1929.

Dicha **Expansión** y reacomodación, es provocada por el *continuo empujón energético* que producen constantemente las estrellas, cuando al cumplir su ciclo, explotan lanzando en todas direcciones los elementos necesarios para la formación de nuevos cuerpos celestes, los cuales se abren paso, ampliando el ***Fondo Cósmico Óptico*** o centro hipotético del Universo a manera de olas u ondas gravitatorias, influyendo y presionando tanto en el Fondo de Infrarrojo como en el de la *Materia Oscura* existentes a su alrededor; aunque no alcanza a llegar al fondo de **Energía Oscura**.

3. Si el Universo es el efecto, ¿cuál fue la causa?

Para sustentar esta *hipótesis*, primero que todo debemos entender que el propósito de la ciencia y de este libro, no es poder llegar a determinar *quién* dio origen a todo lo que existe, sino explicar *cómo* pudieron presentarse los sucesos que facilitaron el **origen de la Materia y del Universo**. En otras palabras, la idea no es determinar **quién** generó lo que constituye el Universo, sino, **cómo** se generó.

Entonces, se puede tomar del propio Universo y de la ciencia, **Algo** que es común para la mente de todos, la **Energía**, aquel ente misterioso y maravilloso que impregna y conecta todo, aquella sustancia que está, en sí misma y a la vez en la materia.

Existen muchas teorías que creen tener la respuesta a la pregunta de cuál fue la **causa** de este **efecto** denominado Universo; pero podría ser suficiente con las siguientes tres teorías, así:

3.1. De una gran explosión, el *Big Bang*, la gran explosión que dio origen al Universo, teoría ésta que no ha podido explicar suficientemente: Qué originó la explosión, porqué explotó, etc. Y es que este fenómeno no fue una *causa* sino un *efecto*.

La Teoría del Big Bang estima la edad del Universo, en unos 13.800 millones de años. Sin embargo, se calcula que, en el universo observable, existen al menos 2 billones de galaxias, que pueden a su vez, contener billones de estrellas, algo así como 10^{14}, muchas de las cuales tienen una edad muy superior a la edad del Big Bang, de lo cual se deduce que la edad del Universo no coincide con la de aquél, sino que es extremadamente mayor.

3.2. Del Bosón de Higgs. Esta teoría afirma que «la Materia proviene de una partícula de *materia*, que dota de masa (materia) a las partículas elementales, que tengan masa en reposo **no nula**». Entonces surge la pregunta: ¿Si ya tienen masa, para qué necesitan que otra partícula las dote de masa (materia)? Además, esta partícula no es de primera generación, no tiene vida estable ya que desaparece a los 1.56×10^{-22} segundos, no interacciona con todas las fuerzas de la naturaleza, se genera mediante la Interacción Débil por conversión de Neutrones en Protones y viceversa, etc.

Y es que, pareciera ser que la ciencia no pudiera explicar, todos los misterios y fenómenos de la naturaleza, por ejemplo: puede explicar que unos gemelos son el fruto de la fertilización de un óvulo, que en los primeros días tiene una bipartición o división celular; pero no puede explicar el porqué de esta bipartición.

Uno esperaría que el origen de la Materia y del Universo hubiera tenido un inicio más acorde con las leyes de la física, propias para ese momento; pero ahora la tarea queda, en la forma lógica o filosófica o de un poco de sentido común para aplicarlas.

Como lo anterior deja abierto el camino a todas las teorías pre-Big Bang, entonces, he aprovechado para dedicarme durante largos años a investigar y, decidí hacer acopio de toda la información científica necesaria, clasificarla, ordenarla y elaborar el cronograma, que presenté atrás, de los sucesos ocurridos desde el estado inicial del Universo, desde un momento cero, anterior al Big Bang clásico, hasta el *Big Bang verdadero*, propuesto en este libro.

3.3. De los Fotones. Según esta hipótesis, todo proviene de una sustancia única y transparente, que impregna y conecta el firmamento, denominada *Energía-masa Fotónica*, obviamente compuesta por **fotones**, la cual ha de ser el principio o **causa** de *Todo*. ¡¡¡*Sí, del Universo en su conjunto*!!!

En efecto, ha de existir una causa, un **Algo**, una sustancia que desde siempre haya estado inmersa en el infinito firmamento y, que también esté presente en otras formas. Esta sustancia se presenta a manera de una Energía Suprema, que es a la vez, eterna e infinita.

Las últimas investigaciones científicas nos llevan a considerar que, esa causa, esa **sustancia** que impregna y conecta el infinito firmamento, es la **radiación** representada en la *energía fotónica*. Esta **sustancia**, está conformada por unas partículas denominadas **fotones** con energía-masa tan pequeña como cercana al cero absoluto, algo así como cero + algo, que las hace transparentes, esas partículas maravillosas que gracias a su capacidad de ir adquiriendo energía-masa pudieron romper la Simetría del Universo y dieron **Origen a la Materia**, representada en los primeros **Electrones**.

Esto nos lleva a preguntarnos: ¿Vale la pena enfocarnos en estas partículas? ¿Acaso serán los **fotones**, las partículas generadoras de la Materia? ¿Acaso será ésta, la *causa* del *efecto* denominado Universo?

La explicación completa la encontramos en el CAPÍTULO II.

La física cuántica nos permite explicar el *Origen de la Materia*, a partir de la propia **energía***, dado que siempre están asociadas, como si fueran las dos caras de una misma moneda. De hecho, los **fotones**, como veremos detalladamente, **sí dieron origen a la materia** representada en los primeros **Electrones**.

*Hemos de definir la **energía** como la potencialidad que tiene **algo**, para transformarse, para poner en movimiento, para evolucionar, etc. Por su parte, la **materia** es un elemento que, por su volumen, ocupa un lugar; mientras la **masa**, es una magnitud física que expresa la cantidad de materia de una partícula o de un cuerpo.

4. ¿Cómo se originó *la Luz* en el Universo?

De la Energía Oscura a la Aurora del Universo

Vimos que, el universo en sus inicios era un infinito fondo de **Energía Oscura**, conformada por fotones en estado de reposo. Ella fue la misteriosa precursora del amanecer cósmico y de todo lo que estaba por venir.

Empecemos refiriéndonos a que en el infinito firmamento siempre ha existido, una sustancia (energía) transparente que lo ha mantenido impregnado y en un estado equilibrado, armónico y *simétrico*.

El Modelo Estándar (SM) de física de partículas, establece que la materia y la antimateria *son simétricas*, así: fotones (γ) = antifotones, electrones (e^-) = positrones (e^+), quarks (q) = antiquarks (q^-), neutrinos (v^+) = antineutrinos (v^-), etc., son simétricos. De ahí que *las partículas elementales* del estado inicial de Universo anterior al Big Bang, *hacían simetría con sus antipartículas*. De acuerdo con el mismo Modelo: «*los **fotones** son los encargados de producir todos los campos eléctricos y magnéticos y, a su vez, de que las leyes físicas tengan simetría, en todos los puntos del espacio-tiempo*».

Sin embargo, en el desarrollo de la física actual, los científicos encontraron pruebas experimentales, de que en el Universo existe *una pequeñísima asimetría*, entre la energía-masa de las partículas y la de sus antipartículas, así: fotones ↔ antifotones, electrones ↔ positrones, etc.; y que *esa ligera asimetría*, pudo causar que, *en alguna región del Estado inicial del Universo*, se formara *un pequeño excedente de energía*, facilitando que los fotones y los antifotones (que según la física cuántica son ellos mismos), empezaran a realizar pequeños choques o colisiones elásticas y a acumular espontánea y gradualmente, **energía estática**, hasta que fue suficiente para que se presentara una **Ruptura de la Simetría** del Universo y el **Big Bang**.

Una **Ruptura espontánea de simetría**, puede considerarse como la propiedad que tiene el Universo de generar sus propios fenómenos. Se presenta cuando la simetría de una ley de la naturaleza o de la física, aparece espontáneamente rota, o sea, sin que exista una causa aparente o conocida, sin que ningún agente externo sea responsable.

Entonces, ella ocurrió, porque existieron unos sucesos naturales que espontáneamente la generaron en algún momento. Es como si en el Universo la energía-materia desde siempre, tuviera la propiedad intrínseca de modificarse o transformarse en cualquier momento o, de romper y volver a reacomodar su propia simetría, sin violar las leyes de la conservación de la Energía y la Materia, tal como sucede con las continuos truenos y relámpagos que se presentan en nuestra atmósfera, con ingentes descargas de energía eléctrica, sin que veamos que el firmamento quedó alterado.

Pero lo que ocurre es que el Universo y la naturaleza, considerados en su conjunto parecen uniformes; pero en el detalle, no lo son. Por ejemplo, no existen dos manzanas absolutamente iguales en tamaño y color, ni se producen el mismo día y a la misma hora cada año, tampoco existen dos nubes iguales, ni dos seres humanos idénticos.

A manera de ilustración, este fenómeno denominado *Ruptura de la Simetría*, lo vemos a diario espontáneamente en la naturaleza, aunque de otras maneras, por ejemplo, en las descargas electrostáticas (chispas) cuando tocamos ciertos materiales o por simple rozamiento entre dos personas, donde pueden presentarse chispas (partículas súper energizadas); también se puede lograr por *emisión estimulada de radiación (fotones) para obtener rayos X, rayos láser*, etc.

Para entender mejor cómo pudo romperse la **simetría** en el Estado Inicial del Universo, facilitando la Gran Explosión, el **Big Bang**, debemos conocer dos conceptos involucrados en ella: la *energía estática* y la *descarga electrostática*, así: 1) La *energía estática* que es un fenómeno que se debe a una acumulación de carga eléctrica, que se presenta cuando las cargas de ciertas partículas se descompensan y dejan de ser neutras y 2) la *descarga electrostática* que es el fenómeno que hace que cuando la acumulación de carga eléctrica, alcance un nivel crítico, circule una *corriente eléctrica*, repentina y momentáneamente, entre partículas u objetos con diferente potencial eléctrico.

Esto lo podemos observar en las nubes, especialmente las de tormenta, las cuales portan electricidad estática y cuando hay una acumulación de cargas (electrones) insostenible en ellas, se genera una descarga eléctrica en forma de rayo.

En la naturaleza, la ruptura de una simetría conlleva la aparición de diferentes eventos. Efectivamente, **esta primera ruptura** a su vez ocasionó pues una cadena de eventos en cascada, que generaron una serie de rupturas y de nuevas simetrías locales, que de todas maneras iban a conformar el Universo.

En nuestro propio entorno somos testigos de frecuentes rupturas espontáneas de simetrías producto de la evolución o de continuos fenómenos de la naturaleza: el caso más conocido, es el de las cuatro estaciones del año o la especial fecundación de un óvulo, que en los primeros días tiene una bipartición o división celular, para dar lugar a la formación de un par de gemelos y, tantos otros casos.

Entonces, aunque en el infinito firmamento primigenio compuesto casi sólo por **Energía Oscura**, conformada por **fotones** en estado de reposo, reinaba la armonía y la simetría, todo indicaba que en el ámbito de las posibilidades estaba la de una **Ruptura de su Simetría** y, como este fenómeno definitiva y estadísticamente tenía que ocurrir, porque dado que: «*Si la probabilidad de que un evento ocurra es extremadamente grande, **éste tendrá que ocurrir en algún momento**»*, especialmente si se dispone del tiempo suficiente y se dan las condiciones necesarias y como todo esto se dio, entonces *ocurrió el evento maravilloso de una Ruptura de su Simetría*.

En efecto, ***lo estadísticamente posible, fue definitivamente posible y se hizo realidad***, y así, en algún momento y lugar del firmamento infinito, un grupo de **fotones**, gracias entre otros fenómenos a:

- Su capacidad de manejar distintos grados de energía-masa desde el punto cero (cercana al cero absoluto).

- La existencia de *una pequeñísima asimetría*, entre la energía-masa de ellos y sus antipartículas los antifotones.

- Al electromagnetismo, que les confiere su permanente movimiento de rotación sobre sus ejes (espines), facilitando además un leve roce o fricción entre ellos.

- A la presencia en la naturaleza de continuas **Rupturas espontáneas de simetría** o singularidades que según la Física, son fenómenos donde la simetría de una ley de la naturaleza o de la física, aparece espontáneamente rota, es decir, sin que exista una causa aparente o conocida, sin que ningún agente externo sea responsable.

Estos fenómenos fueron suficientes para que un grupo de fotones de la Energía Oscura empezaran a acumular gradualmente, **energía estática** (acumulación de un exceso de carga eléctrica a partir del punto cero), hasta que fue suficiente para que se presentara una **Ruptura de la Simetría** del Universo. Cuando dicha acumulación de energía alcanzó un nivel crítico, se presentó una *descarga electrostática*, provocando una *gran explosión* a manera de una inmensa y fulgurante **Chispa** (***Luz***, electrones), la cual iluminó una pequeña parte de aquel firmamento opaco e infinito.

Este evento representa uno de los momentos más importantes y significativos de la historia temprana del Universo, el cual presenció aquel maravilloso fenómeno en el cual:

¡Se hizo la Luz!

En un contexto científico y filosófico, aquella ***gran explosión*** a manera de un enorme *destello de **Luz***, aquella inmensa **Chispa**, **sí fue el verdadero Big Bang**, mirado en una relación *causa- efecto*, es decir, desde un momento cero del Estado inicial del Universo, hasta que se produjo el Big Bang o teoría propuesta en 1923, por el sacerdote belga Georges Lemaitre; fenómeno que causó una cascada de eventos, cuyos efectos llegan hasta hoy.

Y ahora sí, vale la pena exclamar: ¡Por todos los dioses!, ¡Lo que tenía que ocurrir, ocurrió: d**e la energía-masa de unos fotones energizados emergió la Luz***"

Para conocimiento de todos, *producir luz* a partir de la energía estática, es un fenómeno común y espontáneo en la naturaleza y en nuestra vida cotidiana. Un ejemplo lo tenemos cuando al tocar o tener un leve roce con otra persona, o con un objeto metálico, después de haber estado sentados en una silla plástica o en contacto con otros objetos, a veces producimos una descarga eléctrica y *salta una chispa*; pero ¿qué es una *chispa, sino* **Luz**?

Entonces, nosotros, sin darnos cuenta hemos podido producir el fenómeno de la **Luz**, no de una luz del tamaño del Sol o de los inmensos rayos cargados de electrones, que a diario surcan los cielos y que también son descargas electrostáticas, producto de acumulaciones de energía estática; pero *sí produjimos* **Luz**, igual que la producen diariamente miles de personas en el mundo.

¡Y la simetría del Universo, no quedó alterada!, gracias a:

La Simetría Elástica

Efectivamente las investigaciones respecto a la simetría y a las rupturas de simetría del Universo, son claras y apuntan a que la energía total de éste, no queda definitivamente alterada, ya que se considera que él está dotado de una *simetría elástica*, que le permite reacomodarse cada que se presenten rupturas de simetría.

Una buena explicación para entender mejor este prodigio, la encontramos en un fenómeno natural que sucede diariamente en muchos lugares, se trata de *los rayos*, que son poderosas descargas naturales de **electricidad estática**, la cual es la acumulación de un exceso de carga eléctrica, en una zona con poca conductividad eléctrica, hasta que tal concentración, alcanza un nivel crítico con la producción de una descarga eléctrica, generando un *pulso* *electromagnético* que es la emisión de energía electromagnética de alta intensidad, en un breve período de tiempo, tal como un Rayo.

Esto se presenta a cada instante; por ejemplo, cada año se registran unos 16 millones de tormentas con rayos (una tormenta cada 2 segundos). Se han registrado rayos con una duración de casi 17 segundos y otros con una longitud ≈ de 700 km, así como rayos que han alcanzado velocidades de ≈ 1.700 km/s, aunque la velocidad media en este mundo real, es de es de unos 442 km/s, muy por debajo de la *velocidad de las luz en el vacío* que es de 300.000 km/s. Un rayo puede generar una potencia similar a la de una explosión nuclear; pero la naturaleza tiene la propiedad de autorregularse.

5. Cómo se originó la Materia en el Universo

Génesis de la Primera Luz originando la Materia. Veamos cómo de este maravilloso fenómeno primordial emergieron los primeros electrones, señalizando el comienzo tangible de la materia.

Seguramente todos los seres humanos nos hemos preguntado: ¿de dónde viene *Todo*?, ¿cómo empezó todo esto?

Y la respuesta es que los hallazgos científicos que nos conducen a considerar que, la materia se formó simultáneamente con la **Luz**, gracias a la propiedad de los **fotones** (partículas con masa (materia) mínima aproximada a $6 \times 10^{-17} eV$, de ir adquiriendo escalonadamente energía-masa hasta formar una inmensa **Chispa** (*Luz*). Y aquí surge otra pregunta: ¿De qué estaba compuesta aquella inmensa **Chispa**? Pues de infinitos **electrones**, que a su vez son fotones super energizados; pero ahora con energía-masa de $0.511 MeV$. Es decir, que tales *fotones* se convirtieron en *electrones*, siendo *las primeras partículas de* **materia** en el Universo.

Pues bien, aquella **Chispa** con su abundante energía, facilitó que muchas *partículas* ***virtuales*** que estaban a su alrededor, adquirieran la energía necesaria para convertirse en *partículas* ***reales***, siendo éstas, los **quarks**; quedando ahora el Universo primigenio con **dos partículas de materia**: los *electrones* y los *quarks*. Las interacciones de energía-materia se diversificaron y se multiplicaron.

En física cuántica la *línea limítrofe* entre la **masa virtual** y la **masa real**, es tan delgada y el tiempo tan infinitamente corto, que la transición de la una a la otra, no alcanza a afectar a la naturaleza.

También sabemos que el comportamiento *individual* de cada partícula puede ser explicado por la física cuántica; pero, atención a esto: *cuando se juntan muchas o infinitas de ellas* o cuando interactúan entre ellas, adquieren propiedades diferentes, comportándose de formas inesperadas.

De todas maneras, durante los procesos físicos y/o químicos de transformación de energía en materia y viceversa, la naturaleza, cumple sus propias leyes de conservación de las mismas, esto es que: «*la energía y la materia no se crean ni se destruyen, sino que simplemente se transforman*».

Existen muchas leyes de conservación; pero ahora sólo nos referiremos a la **ley de la conservación de la materia y la energía**, enunciada por los científicos Lomonósov-Lavoisier, así: «*La cantidad de materia y* *energía combinada en el universo no aumenta ni disminuye; pero ambas pueden transformarse entre sí».*

Esta ley no obliga a las partículas que constituyen la energía y la materia, a que no puedan sufrir cambios o a interrelacionarse o a que tengan que permanecer en un eterno estado de reposo, en un estado cercano al cero absoluto, sino que **no** *pueden desaparecer definitivamente*, obligando así a que, si en algún momento una partícula o algo, se transforma en otra cosa, al hacerlo, algo de la primera, permanezca en la segunda y viceversa o que el *efecto* compense el cambio producido en la *causa*.

La *conversión de energía en materia y viceversa*, la podemos apreciar en nuestra propia digestión, proceso mediante el cual los alimentos que ingerimos (*materia*), se transforman en calorías o unidades de *energía* y en otros tipos de materia, tales como: carbohidratos, grasas, vitaminas, minerales, proteínas, enzimas, etc.

Otro ejemplo lo tenemos en nuestro cuerpo, cuando nos encontramos en estado de reposo y de pronto decidimos iniciar un ejercicio, notaremos que a medida que aumentamos la intensidad del ejercicio, de nuestro cuerpo empieza a emanar agua (sudor), debido a que nuestras reservas energéticas, es decir nuestra *energía*, se convierte en energía cinética (acción) y ésta en sudor (***materia***), esto es, que a partir de nuestra propia *energía* creamos ***materia***.

Si dejáramos de alimentarnos (***materia***), nuestro cuerpo empezaría a perder **energía** y luego masa (cantidad de materia) y, así sucesivamente; pero si después de un largo ayuno, empezamos a comer de nuevo (***materia***), observaremos que empezaremos a ganar fuerza, *energía* y simultáneamente masa y más energía y cada vez más masa y así sucesivamente.

Como efecto de esta eterna transformación de la *energía en materia y viceversa*, paso a paso se han presentado todos los fenómenos con los cuales la naturaleza, en su especial laboratorio, ha facilitado la generación de nuestra existencia y la de todo lo que nos rodea.

Y gracias a varios eventos fenomenológicos, aquella enorme **Chispa** se transformó en una *bola de fuego* o *esfera de gas hirviente* como lo es el Sol. Dicha *bola de fuego* podría decirse que conformó, el primer solecito o primera Estrella flotando solitaria iluminando aquel infinito firmamento compuesto de ***Energía Oscura***.

5.1. Los fotones, las partículas generadoras de la Materia

Con los anteriores conocimientos ya estamos listos para conocer las dos partículas candidatas para ser las generadoras de la ***Materia***:

a. El **Bosón de Higgs**. El modelo Estándar de Física de Partículas se inclina en aceptar, por ahora, que la partícula candidata para ser la generadora de la *materia*, es este **Bosón**.

b. El **Fotón**. Los hallazgos científicos, nos llevan a considerar que la partícula que llena los requisitos necesarios, son los **Fotones**, ya que además, de que se encuentran conformando la **Materia Oscura** y la **Energía Oscura**, su energía-masa por tener vida estable, garantizan *la conservación de la energía y la materia*, aunque pueden transformarse. Mientras que el **Bosón de Higgs** es sólo una partícula de materia, producida en la desintegración de protones y neutrones.

Dada la importancia del Bosón de Higgs lo vamos a tratar como una hipótesis aparte, la No. 6. Entonces empecemos con los Fotones.

5.2. Los fotones llenan todos los requisitos. Para sustentar esta *hipótesis* también tendremos en cuenta que según las investigaciones científicas, se ha encontrado que la materia ha de provenir de una partícula que llene como mínimo los siguientes requisitos:

-. Que sea de primera generación y que sea libre.

-. Que en su estado natural o de reposo tenga carga eléctrica y masa (materia) tan diminutas como cercanas al cero absoluto, para que la haga transparente.

-. Que pueda manejar diferentes grados de energía-masa.

-. Que tenga eje o espín =1 para que le proporcione magnetismo

-. Que sea estable (que nunca se desintegre).

-. Que pueda interactuar con todas las fuerzas de la naturaleza.

-. Que pueda estar en todas partes del firmamento, impregnándolo, conectándolo y conformando el medio en el cual flotan todos los cuerpos celestes y en el cual nos encontramos nosotros mismos.

Ellos están presentes tanto en el Universo visible en el que vivimos, como conformando la **Materia Oscura** y la **Energía Oscura**.

La *Física aplicada* nos conduce a considerar que el **fotón** ha de ser la verdadera partícula generadora de la ***materia***, dado que entre otras propiedades tiene la de ir adquiriendo escalonadamente energía-masa desde 6×10^{-17} eV (cercana al cero absoluto), hasta convertirse en un *electrón o fotoelectrón*, esto es, la primera *partícula de **materia*** en el Universo, con una masa o materia de 0.511 MeV.

Además de lo anterior, ya existen mecanismos y modelos capaces de almacenar y controlar los fotones, en operaciones lógicas digitales, reemplazando los dispositivos electrónicos (que utilizan electrones, esto es *fotones gamma*), por la tecnología *fotónica* (partículas de luz), etc. Esto se aprecia también en los experimentos de entrelazamiento cuántico, Teleportación, etc.

Igualmente, el premio Nobel de física 2022 fue entregado al francés Alain Aspect, al estadounidense John Clauser y al austriaco Anton Zeilinger, por sus experimentos innovadores en áreas de la mecánica cuántica tales como el **entrelazamiento cuántico**, en el que dos o más partículas cuánticas (generalmente fotones, las partículas de la luz), pueden permanecer fuertemente conectadas sin importar la distancia y sin estar físicamente conectadas. Actualmente, se están realizando en los principales laboratorios de física del mundo, experimentos de entrelazamiento cuántico y otros avances, utilizando **fotones**.

También se está utilizando la *manipulación fotónica* mediante el uso de trampas y pinzas ópticas para estudiar las propiedades físicas, químicas y funcionales de micromoléculas biológicas, de las células e inclusive del ADN, del ARN, de las proteínas, etc., etc.

Lo anterior nos lleva a considerar que fue el **Fotón** y no el Bosón de Higgs, la verdadera partícula generadora de la materia.

6. El Fotón y no el Bosón de Higgs, fue la verdadera partícula generadora de la materia

La teoría del Bosón de Higgs sugiere que este Bosón, es *un campo* (en física un campo es un punto, una magnitud o una partícula) *que impregna el espacio* y que *interactúa con cualquier partícula* (o campo) *que tenga masa en reposo* **no nula**.

De una vez surge la pregunta: ¿Si ya tienen masa, para qué necesitan que otra partícula las dote de masa (materia)? Querer explicar el origen de la materia a partir de la propia materia, *¡Es como querer demostrar que Dios existe porque fue creado por Dios!*

De hecho, los **bosones de Higgs**, no son partículas fundamentales o de primera generación como sí lo son: los **fotones**, los **quarks**, los **gluones**, los **electrones**, etc., sino que son de generaciones posteriores ya que se producen por la interacción débil, en las desintegraciones y transformaciones de partículas compuestas que ya tienen masa, como los **neutrones** y **protones**, tal como los encuentran en el CERN, mediante colisiones **protón-protón**.

Además, esta partícula por no tiene vida estable ya que desaparece a los 1.56×10^{-22} segundos, alcanza a tener interacción con otras partícula ni con todas las fuerzas de la naturaleza.

Los bosones de Higgs se producen mediante la Interacción Débil por conversión de **Neutrones** en Protones y viceversa. Por fuera de los laboratorios actuales, como el CERN, los primeros bosones de Higgs se produjeron en la primera Estrella de Neutrones del Universo en un proceso mediante el cual, los **neutrones** libres, cuya vida media es de apenas unos 15 minutos, se desintegraron generando tanta energía-masa, que se transformaron de una manera secuencial, no solo en **protones** sino adicionalmente en otras partículas, en el siguiente orden: *Pentaquarks → Protones → Piones →* ***Bosones de Higgs*** *→ Bosones W⁻→ Electrones + Neutrinos.*

Los bosones de Higgs se han seguido produciendo en todas las estrellas, incluido nuestro Sol.

En conclusión: la teoría del Bosón de Higgs no parece ser válida para explicar el Origen de la **Materia**, ya que él, *no es la **causa*** sino *el **efecto*** de muchos eventos y procesos anteriores a él.

Con base en todo lo anterior, se puede llegar por ahora, entre otras, a estas conclusiones:

1) Que ahora sí tenemos el procedimiento natural por el cual se presentó el Big Bang verdadero y se pudo originar la **materia** a partir de la transformación de un grupo de **fotones** en **electrones** (la primera **materia**) y con éstos, la generación de los quarks (materia).

2) Que ya conocemos que fue el **fotón**, la partícula que facilitó la generación de la **materia**, lo cual se demostrará en el Capítulo II, en **«Partículas sustentables para ser las generadoras de materia»**.

3) Que ¡Así fue el principio del Universo material!, porque: *Científicamente el Universo material sí tuvo un inicio.*

La explicación completa la encontramos en el CAPÍTULO II.

7. Otras manifestaciones de la Energía y la Materia.

Según esta hipótesis, si tomamos como punto de partida, un momento cero del Universo, anterior al Big Bang, en el cual en alguna región del infinito firmamento se presentaron fenómenos, tales como: a) Acumulación de energía estática un grupo de **fotones**; b) el electromagnetismo; c) Ruptura de la Simetría existente en el estado Inicial del Universo; d) Una ***Descarga electrostática***, generando una *gran explosión* (Big Bang), en forma de una inmensa **Chispa** (*Luz*), compuesta por infinitos **electrones**, esto es, las primeras *partículas de materia* en el Universo; e) Conversión de esta enorme Chispa en una *burbuja plasmática o bola de fuego* o *esfera de gas hirviente*, tal como lo es el Sol.

El *estado plasmático* o **plasma**, es uno de los cinco estados de agregación de la materia, los cuales son: sólido, líquido, gaseoso, *plasmático* y supersólido. El plasma es un fluido similar al estado gaseoso; pero en el que determinada proporción de sus partículas están cargadas eléctricamente. Es el estado más abundante del Universo, teniendo en cuenta que un **99.9 %** de la materia observable del universo se encuentra en estado de plasma y, efectivamente es en este estado en que se encuentran: el Sol, todas las estrellas, los rayos o relámpagos, la luz de las velas, el fuego, etc. Nosotros tenemos el privilegio de vivir en la Tierra que pertenece al otro **0.1 %** conformado por los otros **estados** de la materia.

Dicha *bola de fuego* entró a una fase denominada en Física Cuántica como «sopa» hirviente de partículas subatómicas elementales, principalmente de Quarks y Gluones (partículas pegajosas de casi sola energía). Pero mientras la esfera de fuego o **Burbuja Plasmática** crecía, la temperatura decrecía, facilitando la formación de los primeros **neutrones** conformados por quarks y gluones.

8. El Neutrón, la primera partícula compuesta de la naturaleza. Mediante ella se formaron: El Bosón de Higgs y los átomos

Tan pronto se originó la gran explosión (Big Bang), en forma de una enorme *Chispa* que inmediatamente, se transformó en *una bola de fuego o burbuja plasmática de electrones,* ***quarks y gluones***, que era como se encontraba la materia en los primeros instantes. Este estado se logró reproducir artificialmente en el CERN en el año 2000.

Aquel **Micro Universo** *o esfera luminosa*, fue como el primer Solecito flotando solitario alumbrando una diminuta parte de la inmensa Energía Oscura que ha impregnado el firmamento infinito.

Los sucesos que siguieron condujeron a que en aquella *bola de fuego* compuesta de electrones, quarks y gluones confinados, se expandiera propiciando una caída de la temperatura y permitiendo que los **quarks** que estaban en un sitio adecuado pudieran unirse gracias a los gluones, formando los primeros **Neutrones** libres, *las primeras partículas compuestas* formadas en el laboratorio de la naturaleza, por un **quark up (u)** y dos **quarks down (d)**.

8.1. El Nacimiento de la primera Estrella de Neutrones del Universo

El universo presenció la formación de su primera estrella de neutrones, una solitaria centinela iluminando una pequeña parte del infinito fondo de Energía Oscura.

Para empezar, debemos distinguir entre:

a. La primera Estrella de Neutrones que se formó en el Universo y,

b. La formación de las siguientes Estrellas de Neutrones

a. **La primera Estrella de Neutrones**. La acelerada y descomunal multiplicación de los neutrones libres, facilitó que inmediatamente aquella la *bola de fuego*, convertida en un Plasma de Neutrones, se transformara a la vez en la primera **Estrella de Neutrones** del Universo, flotando solitaria e iluminando una pequeña parte de la infinita Energía Oscura reinante en el firmamento primigenio. Pero para nuestra fortuna, estos neutrones en sus orígenes, no eran tan neutros ni tan estables, como veremos a continuación:

El hecho de que la Estrella de Neutrones sea a su vez, un *Plasma de neutrones* necesariamente tiene que presentar muchos tipos de capas, con diferentes grados de densidad y temperatura y, gracias a que, en las regiones cercanas a la superficie, se presentaba una temperatura adecuada, se facilitó que los **neutrones** libres que, en sus orígenes, no eran tan neutros y gracias a esto y a su inestabilidad, pues su vida media es de $\approx$ 15 minutos, iniciaran procesos de desintegración y transmutación de los neutrones en: 1) **Pentaquarks** (partículas exóticas) $\rightarrow$ 2) los primeros **Protones** y mesones (piones) $\rightarrow$ 3) Protones y **Bosones de Higgs** $\rightarrow$ 4) Protones y Bosones $W^{\pm}$ $\rightarrow$ 5) **Protones** (p^+) + **Electrones** (e^-): ($p^+ + e^-$).

Este fascinante proceso finaliza cuando el **neutrón** termina transformado en una pareja de partículas formada por un Protón (p^+) y un Electrón (e^-), ligados ($p^+ \leftrightarrow e^-$) formando un átomo, el **Hidrógeno** (Protio, $p^+ \leftrightarrow e^-$), el primer átomo de la naturaleza y, a partir de éste, la formación de la Primera Estrella o Estrella Madre y la formación de los siguientes átomos hasta el Hierro.

¡Esta puede ser la receta de los procesos físicos y químicos que han constituido el Universo cósmico!

b. En general, **las siguientes Estrellas de Neutrones** se forman a partir de la fotodesintegración del núcleo de Hierro que es el último núcleo que tienen las estrellas cuando cumplen su ciclo de vida.

La fotodesintegración o ruptura del núcleo de Hierro, se presenta debido a la incidencia de los rayos gamma (γ) de alta energía (fotoelectrones), produciendo partículas alfa (^4He) y más neutrones (n), así: $\gamma + {}^{56}Fe \rightarrow 13\,{}^4He + 4n$. Las partículas alfa ($^4He$) también se fotodesintegran produciendo protones y más neutrones. Estas nuevas partículas, se unen al resto de neutrones libres y forman un nuevo estado plasmático compuesto por algo que los astrofísicos llaman materia degenerada, aunque en realidad se trata de un nuevo plasma, un fluido gaseoso e hirviente de quarks, gluones, neutrones, más los protones y electrones que interactúan en un proceso conocido como captura electrónica, por el cual todo se transforma en más neutrones.

Ahora bien, gracias a que el número de neutrones es infinitamente mayor que el resto de las partículas, se va conformando un Plasma de Neutrones, que a su vez, se va transformando en una **Estrella de Neutrones**, en la cual, simultáneamente ocurre algo extraordinario:

como la vida media de los Neutrones libres es de sólo unos 15 minutos, éstos empiezan a desintegrarse y a transmutarse nuevamente en: Pentaquarks, protones, piones, bosones de Higgs y $W^{\pm}$, etc., hasta terminar convertidos en Hidrógeno.

El Universo Óptico en el cual vivimos, está lleno de Estrellas de Neutrones provenientes de núcleos de Hierro fotodesintegrados. Ellas son las semillas para la formación de nuevos cuerpos y materiales cósmicos. Su tamaño es ligeramente mayor que el de nuestro Sol, aunque puede llegar a duplicarlo.

Es falso que las Estrellas de Neutrones sean extremadamente compactas y pesadas. Ellas son verdaderos estados de plasma (como lo es el Sol) resultantes de la fotodesintegración del último núcleo, el del Hierro, que se forma en las estrellas en su agonía, el cual desaparece transformándose en Ellas.

Es pues necesario, considerar que la primera **Estrella de Neutrones**, del Universo fue de origen y no de remanente estelar, como las que quedan cuando en su final, explotan la mayoría de las estrellas.

8.2. Los Neutrones fueron los generadores del Bosón de Higgs

De acuerdo a esto, el **Bosón de Higgs**, sí se formó en el laboratorio de la naturaleza; pero en la primera **Estrella de Neutrones** que existió en el Universo, la cual fue de origen y no un remanente estelar fruto de la transformación de las estrellas al morir. Este bosón seguramente se sigue formando tanto en las Estrella de Neutrones como en las Protoestrellas o estrellas muy jóvenes, a partir de las reacciones de desintegración y transmutación ocurridas en los **neutrones**. Por lo tanto, los primeros bosones de Higgs nunca fueron partículas libres.

9. El Nacimiento de la Primera Estrella o Estrella Madre

Y el universo presenció otro maravilloso fenómeno: la formación de su **Primera Estrella o Estrella Madre**, una solitaria centinela iluminando una pequeña parte del infinito fondo de Energía Oscura reinante en el firmamento.

Con la paulatina formación del Hidrógeno en la **primera Estrella de Neutrones** que existió en el Universo, la cual en realidad era un estado plasmático, fluido gaseoso e hirviente de quarks, gluones, neutrones, protones y electrones, se presentó en Ella otro grandioso evento: como los átomos de Hidrógeno eran más pesados y cada vez más abundantes, entonces empezó a formarse un nuevo centro o **Plasma de Hidrógeno**, iniciándose la ignición de este elemento, provocando de una vez la transformación de la Estrella de Neutrones en una real y joven Estrella o **Estrella Madre**, en su etapa de Secuencia Principal, tal como está sucediendo con el Sol, en cuyo núcleo se está quemando el Hidrógeno.

Formación de los primeros 26 átomos de la naturaleza

Gracias a que el Hidrógeno primigenio era muy inestable, se presentaron en la Estrella Madre, procesos reactivos nucleares, facilitando la formación del segundo elemento de la naturaleza, el **Helio** y, con ellos, los primeros 26 átomos de la Tabla Periódica.

Lo que resulta curioso, es que todas las partículas presentes en el interior de los átomos sólo representan ≈ un 2 % de su masa o materia, por lo cual éstos son casi sólo espacio vacío, ya que el 98 % restante, es pura energía de enlace necesaria para mantener unidos sus componentes. Esto significa que, como todo en el Universo está formado por átomos, entonces todo a nuestro alrededor y nosotros mismos, estamos hechos de ≈ 2 % de materia real y 98 % de energía.

Cuenta regresiva y agonía de la Estrella Madre

Según la ciencia, el Hierro (Fe), ubicado formando el *último núcleo* de la Estrella, ya no podían dar más energía para poder fusionarse en elementos más pesados, sino que ahora requerían energía, debilitando de esta manera a la Estrella Madre. Entonces, la ya muy convulsa Estrella, no podrá sostenerse más por sí misma. De hecho, en la mayoría de ellas, la fusión nuclear termina mucho antes; pero como nuestra estrella era lo suficientemente grande y caliente, se le facilitó la producción de **Hierro**.

Cuando finalizan las reacciones de fusión en una estrella, en su agonía, su núcleo se contrae, se calienta extremadamente y se vuelve cada vez más denso, hasta tal punto, que los átomos de Hierro que lo componen desaparecen, ya que se fotodesintegran en neutrones y protones e inclusive pueden descomponerse en partículas elementales formándose temporalmente Plasmas de quarks y Gluones; pero como la cantidad de neutrones es tan infinitamente superior, se forma en un **Plasma de Neutrones**.

De esta manera, nuestra Estrella Madre, seguramente terminó su existencia en la que sí podemos denominar «la gran explosión (Big

Bang **verdadero**)», transformándose de nuevo en una **Estrella de Neutrones** rodeada por inmensas nubes de polvo cósmico, cúmulos gaseosos de Oxígeno, Hidrógeno, Carbono, etc., variedades de burbujas incandescentes de distintos elementos (entre ellos, de Hidrógeno), bloques de materia hirviente, todo formando una gran Nebulosa o una Supernova, flotando en medio de la Materia y la Energía Oscuras.

Lo anterior nos lleva a considerar a las estrellas como si fueran seres vivos, ya que nacen, crecen, mueren y se reproducen, aunque cumplen las dos últimas etapas en un orden diferente, debido a que las estrellas se reproducen de los elementos que esparcen cuando mueren. Y es que el destino de las supernovas y las Estrellas de Neutrones, es formar nuevos cuerpos celestes.

Este escenario juega un papel crucial en la formación de nuevas estrellas que vuelven a terminar en Estrellas de Neutrones, o en Enanas Blancas o en Agujeros Negros (los cuales conducirían a la formación de Agujeros de Gusano y Agujeros Blancos), más Nebulosas o Supernovas, en las cuales se formaron algunos de los átomos siguientes al Hierro.

Y como dije atrás, todo prosiguió formando regiones en donde quedaron esparcidos los gérmenes de toda la posterior multiplicidad de cuerpos celestes, en un viaje que continuó con la formación de nuestro **Hogar en el Cosmos: El Nacimiento del Sol y la Tierra**.

Efectivamente, dentro de esta danza cósmica, nuestra galaxia, la Vía Láctea, que se formó hace unos 13.300 millones de años (ma), facilitó la aparición de muchos cuerpos celestes hasta el surgimiento de nuestro Sol hace unos 4.600 (ma) y tras él, el nacimiento de la Tierra hace unos 4.550 (ma) y, la generación de la Vida en ella, unos mil millones de años después y, todo ha evolucionado hasta poder presenciar este maravilloso mundo que nos rodea.

La estrella y la galaxia más antiguas y lejanas del Universo

Gracias a los potentes telescopios actuales, los científicos observaron en marzo de 2022 la que sería por ahora, la estrella más antigua y lejana del Universo, ubicada a 12.900 millones de años luz de la Tierra, a la cual bautizaron **Earendel**.

Y algo más extraordinario, ellos también observaron la galaxia más antigua y lejana descubierta hasta ahora, bautizada como **HD1**, la cual está a unos 13.500 millones de años luz de la Tierra.

La luz de **Earendel** debió ser emitida hace pues unos 1.000 millones de años luz a partir del Big Bang clásico cuya edad ha sido fijada en unos 13.800 (ma) y, que la luz de **HD1** fue emitida 1.500 millones de años luz después del mismo. Aunque los científicos ahora han calculado que el Universo Óptico presenta un diámetro de ≈ 93.000 millones de años luz o sea con un centro hipotético de unos 46.500, lo cual implicaría más del triple de la edad del Big Bang.

Entonces imaginemos: ¿cuántos miles de millones de años necesitaron Earendel y AD1 para su formación, a partir de la primera Ruptura de Simetría del Universo y los sucesos posteriores?

Y también nos surgen las siguientes preguntas:

- ¿Será que la luz emitida por **Earendel** corresponde realmente a la luz emitida por la Estrella Madre en su etapa final antes de explotar?

-. ¿Acaso el firmamento estará impregnado y conectado por fotones (energía) a manera de un *Fondo Cósmico Fotónico* o un **Éter**, que sirve como **medio** para que la luz de Earendel y de HD1, pueda ser transferida desde éstas, hasta nosotros?

-. ¿Podremos considerar a la galaxia **HD1** o a la estrella **Earendel** como *el hipotético centro del Universo*? Y la respuesta es: Parece difícil creer que el Universo tenga un centro definido; pero considerando que ellas hayan sido las primeras, entonces sí serían *el hipotético centro* del Universo Óptico, rodeado de Materia y Energía Oscuras. Esto algún día lo sabremos.

Gracias pues a la evolución de la Estrella Madre, tenemos muchas de las leyes de la física y de la química, como también las semillas que contenían todos los elementos (átomos y partículas) necesarias, para la formación de nuevas estrellas y de muchos cuerpos cósmicos incluidos el Sol, la Tierra y todo lo que nos rodea, así como también las semillas de la Vida: el Carbono, el Oxígeno, el Hidrógeno, el Nitrógeno, el Fósforo, etc., facilitando que luego presenciáramos algo demostrado en el libro: *«El Verdadero Origen de la Vida a partir de una Bacteria»*.

CAPÍTULO I

El Origen del Universo a partir de un momento cero, anterior al Big Bang

Hipótesis 1. **El Estado Inicial del Universo conformado por Energía Oscura y algunas partículas virtuales**

Nuevamente, de la Energía Oscura a la Aurora del Universo

Vimos que el estado inicial del Universo ha sido un misterio que ha intrigado a la humanidad durante siglos; pero gracias a los avances científicos, hoy sabemos que antes del Big Bang, hubo una etapa inicial marcada por un estado *de vacío aparente*, impregnado y conectado por una energía cercana al cero absoluto. Era algo así como un estado de casi sola **Energía Oscura**, una especie de *espuma cuántica*, conformada por partícula transparentes (**fotones** en estado de reposo), impregnando aquel **vacío cuántico** infinito, dado que el vacío absoluto no existe. De hecho, existen cálculos de la cantidad conocida como *energía del punto cero*, que sugieren que un centímetro cúbico de espacio vacío contiene más energía que toda la materia del universo.

Esta **Energía Oscura** es la más baja posible y es la responsable de mantener la energía del vacío en medio del cual también han existido algunas partículas virtuales, que son aquellas que tan pronto aparecen también desaparecen (seguramente quarks y gluones). Esta era *la energía del estado vibracional* que regía en el Estado Inicial del Universo y que rige ahora en el firmamento infinito o Éter no necesariamente lumínico, donde los **fotones** son los protagonistas.

El Estado Inicial del Universo carecía de curvatura espacial ya que su energía-masa de punto cero y su estado vibracional eran uniformes en todas partes, hasta que se originó la Gran Explosión (Big Bang) en forma de una *inmensa chispa* en la que se generaron la Luz y la Materia. Esta inmensa chispa, se transformó en una bola de fuego, que curvó el espacio-tiempo para siempre y en todas las direcciones, lo cual sugiere que el universo tiene que ser esférico. En este instante primordial, las leyes de la física no eran aplicables. Dicha curvatura del espacio-tiempo, fue propuesta por Einstein en su teoría de la Relatividad General en 1915.

Entonces, seguir creyendo que es *plano* y a manera de un disco planetario, es como continuar con la teoría que por tantos años se mantuvo con *la planitud de la Tierra*. Sin embargo, en el evento de que fuera como un disco planetario, igualmente estaría flotando en medio de la Materia Oscura y ésta en medio de la Energía Oscura.

El Universo Material, recién formado, se acomodó pues a manera de una esfera abierta (sin circunferencia) tal como lo es el Sol; pero flotando en medio de la *Materia Oscura*, que hoy ocupa ≈ un 23% del total del universo. Esta materia está conformada por fotones con muy baja energía y a su vez, está rodeada por la *Energía Oscura* que ocupa un 72%, la cual ocupa la parte más lejana y está compuesta por fotones en estado de reposo. El Universo Material u Óptico, que es en el que vivimos, representa como el 5% restante; pero estos porcentajes varían con la *permanente* **Expansión del Universo**.

Hablando de Expansión del Universo, no es verdad que la **Energía Oscura** ejerza alguna presión que acelere dicha expansión, pues como vimos atrás, las olas u ondas gravitatorias, provocadas por la *permanente* explosión de las estrellas que al llegar al fin de su ciclo vital, explotan y liberan energía y materia al cosmos, influenciando la curvatura del espacio-tiempo y contribuyendo al proceso de expansión y reacomodación del universo, presionando primero en el Fondo de Infrarrojo y continuando en el de la *Materia Oscura*. Por lo tanto, es muy difícil que lleguen hasta la Energía Oscura.

Algunos tratan la Energía Oscura y la Energía del Vacío como dos fenómenos diferentes, pero la verdad es que son un solo estado físico. Así mismo, tanto la Energía como la Materia que llamamos Oscuras, en realidad no lo son. Lo que ocurre es que como son tan infinitas, crean un fondo que al no ser lumínifero, lo vemos oscuro, aunque realmente es transparente porque ellas están conformadas por fotones en estado de reposo con energía-masa tan diminuta (cercana al cero absoluto), que los hace transparentes.

Tal como vimos atrás que el mar que mirado desde el aire, se ve oscuro porque está formado de infinitas gotas de agua transparentes.

Igual sucede cuando se va a desatar una tormenta que las nubes y el cielo se oscurecen por la concentración de gotas de agua.

¡Mucho ojo!: La Energía Oscura y la Materia Oscura también se presentan en las regiones del firmamento donde no alcanza a llegar la luz de las estrellas, al igual que en la noche cuando carecemos de la luz solar, del reflejo de la Luna y de la luz de las lámparas, que aunque los fotones permanecen casi que en estado de reposo, las tinieblas nos rodean por doquier.

En este libro veremos que, en algún momento y lugar, un grupo de **fotones**, de los que han compuesto la omnipresente **Energía Oscura**, gracias a su propiedad de poder incrementar gradualmente su energía-masa, empezó a acumular espontánea y escalonadamente energía estática, provocando la **Ruptura de la Simetría** existente, generando una *descarga electrostática*, a manera de una **gran explosión (Big Bang)**, una inmensa **Chispa (*Luz*** compuesta por *electrones*, **materia**). ¡Así se originaron la Luz y la Materia!

Ahora veamos algo maravilloso:

1.1. El Vacío Cuántico: Una Realidad Invisible

Según la física cuántica, estrictamente, «*el vacío no existe*». Para ella existe es el vacío cuántico y lo describe como: *el estado de menor energía-materia posible*, o sea de punto cero, denominada así porque está cercana al cero absoluto, el cual tampoco existe para la física cuántica; Por ejemplo, el espacio que percibimos como vacío entre cuerpos celestes o entre objetos o entre personas, se postula que está impregnado por una especie de sustancia energética que conecta todo en el universo, conformada por **fotones** con sus diferentes grados de energía-masa.

Otro ejemplo lo tenemos cuando estando reunidos por la noche en un salón y se suspende el fluido eléctrico, experimentamos una sensación de **vacío**, que desaparece al regresar la iluminación y vuelven a verse las personas y los objetos.

Además, la ciencia cree que del **vacío**, emergen partículas que tan pronto aparecen también desaparecen, porque son como una especie de pulsos de energía o excitaciones cuánticas, que por esta condición de aparecer e inmediatamente desaparecer, la ciencia física, convino en llamarlas ***partículas virtuales***. Esta realidad desafía la noción tradicional de vacío como ausencia total de energía o materia.

Esta parece una buena explicación o deducción; pero no es suficiente, porque es como asegurar que cuando en la noche, vemos aparecer e inmediatamente desaparecer las luces de las luciérnagas, es porque éstas o sus luces son *virtuales*, cuando sabemos que definitivamente las luciérnagas y sus luces, son *reales*.

De hecho, como vimos atrás, los científicos han encontrado la manera de observar la existencia de partículas en el vacío y de atrapar fotones de luz a partir del vacío y de otros medios, utilizando la *manipulación óptica*, mediante trampas y pinzas ópticas.

Antes de la formación del Universo físico, la energía se encontraba tal como ahora, invisible y diluida en el firmamento, que es lo que nosotros concebimos como el vacío, ya que la casi despreciable masa (materia) de cada uno de los infinitos **fotones** que lo impregnan, hacen que éste sea transparente. Esto nos permite ahora ver a través de ellos, el Sol cuando es de día o la Luna, las estrellas y la luz de las lámparas cuando es de noche, porque ellos siempre están por doquier, inmersos en el firmamento o *«Fondo Cósmico Fotónico»*, impregnando todo, rodeándonos y conectando todo con su electromagnetismo y transmitiendo la fuerza de la Gravedad.

1.2. El Estado Estático del Universo primigenio

Antes del Big Bang, el Universo se encontraba como en *estado estático*, similar a la Constante Cosmológica propuesta por Einstein en 1917 y desechada por Friedman en 1922 y por Lemaitre en 1927. Él era un *Todo* armónico, como una infinita *espuma cuántica* o **Fondo Cósmico Fotónico** o **Éter**, conformado por la Energía Oscura constituida por **fotones**. Y todo en *estado de reposo* (sin desplazamiento de partículas); pero vibrando continua y tenuemente.

La tenue y permanente vibración de los **fotones**, se debe a su débil energía cinética también cercana al cero absoluto y a su continua rotación, *sólo en torno a su hipotético eje o espín* (simetría o Modo Axial), que les confiere el magnetismo necesario para que se conserven ligeramente unidos en un *estado estático* o de reposo. En aquel vacío cuántico también existían algunas partículas virtuales, que tan pronto aparecían igual desaparecían (seguramente quarks).

Se dice que un sistema o un cuerpo se encuentra en ***estado estático***, inmóvil o en equilibrio, cuando no tiene movimiento de desplazamiento; pero no sucede igual con sus componentes; por ejemplo, cuando estamos dormidos, el cuerpo se encuentra inmóvil; pero no así los órganos, los cuales siguen en sus funciones propias, inclusive los sentidos responden a cualquier estímulo; es más la digestión de los alimentos, continúa transformándolos en energía y/o en más masa (materia), etc.

El caso extremo pareciera ser cuando la muerte declara que el cuerpo y sus componentes pasaron definitivamente a su estado estático absoluto; pero tampoco es así, ya que aunque el cuerpo esté en una fosa, todas las células del cuerpo habrán entrado en un proceso de descomposición y transformación en otras formas de materia y de energía, hasta que esta última se agote totalmente, lo cual es improbable, ya que aún quedarán los restos o las cenizas, que también pueden transformarse en otras formas de energía o de materia.

En conclusión, esto era lo que había, lo que hay y lo que habrá por siempre, en el infinito firmamento, ***fotones por doquier***, formando un **Fondo Cósmico Fotónico**, un *Éter no necesariamente luminífero*.

<u>Hipótesis 2.</u> La existencia de un Fondo Cósmico Fotónico

Para la sustentación de esta *Hipótesis*, debemos tener presente que la **Radiación del Universo**, es la *energía* electromagnética existente en todo el espacio infinito que vemos como vacío y, que ella es una *sustancia* (energía) transparente, diluida impregnando y conectando todo, a manera de un **Fondo Cósmico Fotónico** o un **Éter** infinito, necesario además, para transmitir la fuerza de la Gravedad.

Según Einstein: «la verdadera sustancia que impregna todo el infinito espacio, sólo se podría encontrar en un continuo infinito de puntos individuales que aparentemente, no ocuparían lugares determinados en el firmamento».

Basados en esta y otras afirmaciones, así como en los últimos hallazgos científicos, ahora sabemos que estos puntos o partículas, son los **fotones** que debido a que su energía-masa es de punto cero, «*no ocupan lugares determinados en el firmamento*», aunque sí lo impregnan y conectan, a manera de un **Fondo Cósmico Fotónico**.

De hecho, el Modelo Estándar y la ciencia, afirman que los fotones son el medio necesario para transmitir la luz del Sol, de las estrellas y de otras formas de energía, como el sonido, las microondas, etc.

Estamos acostumbrados a aceptar como real, sólo lo que pueden apreciar nuestros sentidos, sin embargo, existen muchas otras cosas reales que no podemos apreciar fácilmente; por ejemplo, nadie ha visto el Hidrógeno y el Oxígeno a simple vista; pero sabemos que existen y cuando se unen, puede formar el agua y otros compuestos. Tampoco podemos observar el viento a simple vista; pero sí podemos ver las inmensas nubes que él arrastra. De igual manera, no podemos negar la existencia de los **fotones** impregnando y conectando el firmamento, simplemente porque no los vemos o porque estamos dedicados al estudio de otras partículas.

Entonces la hipótesis de que el **FOTÓN es la partícula que dio Origen a la Materia**, se fundamenta en el hecho de que es necesario tener una explicación clara de cómo se originó el Universo, ya que éste tuvo que haber surgido de una causa incausada, en el eterno e infinito firmamento impregnado y conectado por algún tipo de *sustancia transparente*, tenuemente diluida, constituido por partículas (**fotones**) transparentes, con energía-masa cercanas al cero absoluto. De hecho, la física cuántica nos permite explicar el *Origen de la Materia*, a partir de la propia **energía-masa**.

Entonces, decidí emplear la *Física cuántica aplicada* para conocer los sucesos que pudieron ocurrir antes del Big Bang (Gran Explosión) teorizado en 1923 por el sacerdote belga Georges Lemaitre, como el Origen del Universo y, a este cúmulo de eventos he creído apropiado denominarlo entonces: «***El Origen del Origen***», ya que éstos, sí tratan de explicar paso a paso todo lo sucedido, desde un *momento cero*, hasta el *Big Bang* (verdadero) y así hasta nuestros días, ya que era necesaria la existencia de ***Algo*** que provocara esta *explosión*, un ***Algo*** que generara un verdadero *Big Bang*, con un cronograma natural de causa → efecto → causa → efecto…, un ***Algo*** que podría llamarse: ***El Origen del Origen***.

Este libro no pretende negar ninguna teoría científica, sino utilizarlas y unirlas en un contexto científico-filosófico y aplicando un poco de *sentido común*, a la investigación y últimos hallazgos científicos, para una mejor explicación del Origen de la Materia y del Universo.

Con las investigaciones y los descubrimientos científicos, procuraré que el hombre, sí pueda conocer las respuestas a las preguntas que atrás formuló Stephen Hawking y, así pueda darse algún día, el triunfo de la razón humana sobre la Fe.

Lo más crucial, es que desde el año 2012, se sabe que:

2.1. Los fotones sí tienen masa y carga eléctrica

Efectivamente, en el año 2012 los científicos encontraron algo necesario para la física cuántica y es que la más extraordinaria de todas las partículas, *el fotón, sí tiene masa y carga eléctrica*, aunque éstas sean casi cercanas al cero absoluto. Hasta entonces, se les venía tratando como partículas sin masa y sin carga eléctrica, porque a veces se comportan como partículas y a veces como ondas.

Los científicos deben abrir los ojos a los datos que siguen, porque obligan a hacer ajustes cuánticos:

En este año se encontró que la *masa* de los **fotones** en reposo[2], es de $\approx 6 \times 10^{-17}$ eV/c^2, y la *carga eléctrica* es cercana a 5×10^{-52} C, esto es, son tan pequeñas como de punto cero; pero ellos escalonadamente pueden alcanzar una carga de $1,602 \times 10^{-19}$ C y una masa de 9.1×10^{-31} kg o 0.511 MeV, que son las que corresponden a los **electrones** o **fotones gamma**, *las primeras partículas de* **materia.**

Ojo con esto: Entonces la masa y carga de los **fotones** en reposo y aún, de los electrones, son muy inferiores a la masa y a la carga mínimas, que puede tener una partícula, según la física cuántica, la cual se rige por las *constantes de Planck*, ya que éstas son: la masa de Planck es, aproximadamente 4.13×10^{-15} eV/c^2, equivalente a 2.176×10^{-18} kg y la carga de Planck es 1.876×10^{-18} C.

Con razón se ha dicho que: «estas cifras de los **fotones**, tienen que crear una verdadera revolución en la ciencia y en la Filosofía».

Vemos que los valores de la masa y la carga de los **fotones** en reposo, al igual que los de las *constantes de Planck*, son casi despreciables frente a las demás partículas; pero al fin y al cabo tienen **un valor** que les da identidad, a los cuales se les puede asignar un valor **unitario** específico de **uno** (1), un fotón, un electrón, un individuo, una constante de Planck, etc.; pero además, es necesario que la masa de los fotones sea tan extremadamente pequeña, como para que estas micropartículas, que son las que impregnan y conectan el infinito firmamento, lo hagan **transparente** y «*no ocupen lugares determinados en él*».

Los científicos están encontrando la manera de producir, detectar y almacenar **fotones de luz**, a partir del vacío, aprovechando que éstos, facilitan la Teleportación cuántica o capacidad de transferir de manera inmediata y a cualquier distancia, información (datos, sonido, imágenes, etc.), usando partículas cuánticas entrelazadas (fotones). Estas novedades se pueden realizar con los modernos instrumentos y con las computadoras cuánticas, en las cuales se han venido utilizado con éxito bits cuánticos, conocidos como qubits.

2.2. La Radiación Cósmica. Materia Oscura. Energía Oscura.

La **Radiación** o *energía* **del Universo**, es una tenue *sustancia* que impregna y conecta el firmamento. Ella es como un Éter no necesariamente lumínico en las diversas parte del firmamento infinito. Está distribuida a manera de capas, *como* si fuera una *gran cebolla sin capa externa*, porque el Universo Material es una esfera abierta, tal como lo es el Sol; pero flotando en medio de la *Materia Oscura* y de la *Energía Oscura*, que están a su alrededor.

Y como sabemos que, en cualquier sistema, formación o cuerpo masivo, casi toda la materia que lo constituye es atraída hacia el centro del sistema, por su fuerza gravitatoria, entonces el Universo Material ha de ser una esfera abierta e infinita y, por tanto, tampoco es plano y su radio desde el centro hipotético de dicha esfera abierta, ha de llegar hasta el infinito (10^{∞}). Lo que parece un disco es nuestra galaxia la Vía Láctea, que hace parte de un grupo de 40 galaxias denominado Grupo Local. El Universo material u óptico tiene que ser *esférico* ya que surgió de una explosión que curvó el espacio-tiempo para siempre. Seguir creyendo que *es plano*, es como continuar con la teoría que por tantos años se mantuvo con *la planitud de la Tierra*. Sin embargo, en el evento de que fuera como un disco planetario, igualmente estaría flotando en medio de la Materia Oscura y ésta en medio de la Energía Oscura.

La descripción y distribución de los fotones en el **Fondo Cósmico del Universo** o **Fondo Cósmico Fotónico**, considerado el Universo total como una esfera abierta y visualizándolo de adentro hacia afuera o desde un centro hipotético o Universo Material, hasta la parte más lejana, con sus diferentes grados de energía-masa, la vimos atrás y la encontramos al final del CAPÍTULO II; pero resumiendo tenemos:

2.2.1. Los fotones que se encuentran en el **Fondo Cósmico Óptico** o Universo Material, en el cual vivimos, que es el centro hipotético del Universo total, el cual está inmerso en los **fotones del espectro electromagnético** o conjunto de todos los tipos de radiación como la luz, el sonido, etc. Este **Fondo**, que termina rodeado por el Fondo de infrarrojo, constituye sólo ≈ el 5 % de la materia del Universo total.

2.2.2. *La Materia Oscura*. Alrededor del Universo Material se encuentra el Fondo de la *Materia Oscura*, conformado por *fotones casi en estado de reposo*. Ella constituye como el 23 % de la energía-masa del Universo total.

Los científicos están tratando de comparar los **fotones de la Energía Oscura**, con otras partículas denominadas **Axiones,** que también tienen energía-masa de punto cero y, cumplen con la simetría CP (carga-paridad).

2.2.3. *La Energía Oscura*. La misteriosa precursora de todo lo que ocurrió en el Universo primigenio y continua alrededor de la Materia Oscura, en la parte más lejana de la abierta esfera celeste. Ella está conformada por *fotones en estado de reposo*, con energía-masa cercana al cero absoluto, por lo que sólo emiten el mínimo grado de energía electromagnética necesario para mantenerse conectados en el vacío cuántico. La **Energía Oscura** es la más abundante ya que constituye un 72 % de la energía-masa del Universo total.

2.3. Expansión del Universo

Los primeros científicos que propusieron la teoría de que *el Universo se expande en todas las direcciones* y que por tanto Él no era una Constante Cosmológica como lo había afirmado Einstein en 1917, fueron los físicos Aleksandr Friedman en 1922 y Georges Lemaitre en 1927. Posteriormente en 1929 el astrónomo Edwin Hubble publicó, como propia dicha teoría. De todas maneras, es necesario reconocer que fue Hubble el que demostró la teoría de Friedman y de Lemaître y sus valiosos aportes han sido de inmensa ayuda para la investigación científica.

Y los porcentajes antes enunciados, varían con la *permanente Expansión del Universo*, el fenómeno que se ha convertido en uno de los mayores misterios para los astrofísicos, constituyendo *un desafío a la teoría de la Relatividad General* de Einstein, porque como vimos atrás, se desconoce la dinámica del Universo y, las mediciones que se ha venido utilizando tales como: la *escala de distancias cósmicas*, las *observaciones del fondo cósmico de microondas*, etc., no son de alta precisión y parecen ser tan erróneas como innecesarias. Además, ahora se sabe que la gravedad a escala cósmica no funciona como lo postuló Einstein y los cálculos sólo serían válidos a una escala local, como por ejemplo, en la galaxia y el sistema solar, donde nos encontramos; pero no cuando intentamos describir el universo entero, esto es, a nivel cosmológico. Por tanto la teoría de la Relatividad General parece necesitar ser modificada.

La verdad es que la *Expansión del Universo*, es provocada por el continuo empujón energético que constantemente han producido las estrellas, cuando al cumplir su ciclo, explotan lanzando en todas direcciones los elementos necesarios para la formación de nuevos cuerpos celestes, los cuales se abren paso, ampliando el *Fondo Cósmico Óptico* o centro hipotético del Universo.

Basados en las afirmaciones de algunos científicos, aquí surge la pregunta: ¿Es verdad que la **Energía Oscura**, ejerce una presión que tiende a acelerar la **Expansión del Universo**? Y la respuesta es: *¡No!*

Atrás vimos que no es verdad que la **Energía Oscura** ejerza alguna presión que tienda a acelerar dicha expansión, ya que las olas u ondas gravitatorias, provocadas por la *permanente* explosión de las estrellas al cumplir su ciclo de vida, influyen y presionan primero en el *Fondo de Infrarrojo* y continúan en el fondo de la *Materia Oscura* existentes alrededor del Fondo Óptico o Universo Material.

En aquellos 2 inmensos fondos, la radiactividad de las partículas que los componen en muy inferior al de las partículas del espectro electromagnético. Además, la *velocidad* de las ondas gravitatorias que llegan ya debilitadas del Fondo de Infrarrojo que es donde termina el Universo Material, disminuye aún más hasta desaparecer en el Fondo de la *Materia Oscura*, por ello es poco probable que tales ondas lleguen hasta el fondo de *Energía Oscura*.

En efecto, según los últimos hallazgos científicos, es falso lo que suponen algunos, en el sentido de que la Energía Oscura, ejerce una presión que tiende a acelerar la Expansión del Universo, como resultado de una aparente fuerza gravitacional repulsiva.

Para cualquiera es claro y casi que de sentido común, entender que dicha Expansión, ha sido provocada por el *continuo empujón energético* que han generado las estrellas, desde la primera que existió en el firmamento, cuando al cumplir su ciclo, explotan transformándose a su vez, en Estrellas de Neutrones u otros cuerpos, más Nebulosas o Supernovas, poblando el firmamento de nuevos cuerpos celestes, que se abren paso en forma de ondas gravitatorias, ampliando la curvatura del espacio-tiempo, una de las consecuencias o comportamientos de la Gravedad, según la teoría de la Relatividad General, publicada por Einstein en 2015 y 2016.

Pero tales ondas se debilitan en el Fondo de Infrarrojo que es donde termina el Universo Material o visible e influyen muy poco en el Fondo de la *Materia Oscura* y nada en el Fondo de la *Energía Oscura*, existentes a su alrededor.

Estos fenómenos son pues, los que Expanden y reacomodan al Universo. Por lo tanto, la *Energía Oscura*, no ejerce ninguna presión que tienda a acelerar la *Expansión del Universo*, sino que, al contrario, ella es el medio que facilita la *expansión y reacomodación* de éste, provocada por la *permanente* explosión de las estrellas.

Analizando la Expansión del Universo y de su **Horizonte**, la ciencia ha de considerar que el Universo es una esfera cuyo radio infinito ha de partir del sitio donde se emitió por primera vez la radiación lumínica que hoy conocemos como radiación de Fondo Cósmico de Microondas. Si el Universo Óptico o material (que tiene que ser esférico ya que surgió de una explosión), fuera estático, el horizonte o su frontera, tendría una distancia de unos 13.800 a 16.700 millones de años luz, que es la edad del Big Bang clásico. Sin embargo, los científicos ahora han calculado que el Universo Óptico presenta un diámetro de $\approx$ 93.000 millones de años luz, o sea con un centro hipotético y un radio $\approx$ a 46.500, lo cual implicaría más del triple de la edad del Big Bang. El Universo no tiene bordes, porque es una esfera abierta e infinita y el radio desde el centro hipotético de dicha esfera, debe llegar hasta el infinito (10^{∞}).

Retomando el tema de la Radiación, según Max Planck, *esta energía es emitida de manera discreta, es decir, en forma de «cuantos» de luz o fotones de diferentes grados de energía*, los cuales están presentes en todas las formas de radiación electromagnética y corpuscular, que incluye el espectro electromagnético, esto es: las ondas de radio, Wifi, G5, las microondas, la luz visible, la ultravioleta, los rayos X, etc.

Como ya vimos, los **fotones** que constituyen la radiación cósmica son las únicas partículas fundamentales, que pueden incrementar gradualmente su energía-masa hasta convertirse en **partículas de materia** (Electrones) y, de ser necesario, volver a su estado de reposo, tal como sucede cuando se activa un dispositivo de rayos X, en donde la energía de los fotones alcanza un cierto grado de intensidad; pero al dejar de utilizarlo, dicha energía regresa a su estado de reposo. Así, en el Universo, tenemos fotones de diferentes grados de **energía** o carga eléctrica, desde 5×10^{-52} de energía mínima o de punto cero, hasta 1GeV, para los rayos cósmicos o más.

Ahora bien, cuando el padre de la Física Cuántica, Max Planck y luego Einstein, afirmaban que la **energía** se manifestaba *en forma de «cuantos» de luz o fotones de diferentes grados de energía*, podemos concluir que ellos estaban afirmando implícitamente que los fotones se manifiestan en distintos grados de energía-masa y/o materia, ya que la una está implícita en la otra.

2.4. Las ondas electromagnéticas no transportan fotones

Estas ondas son perturbaciones o excitaciones generadas por una fuente tal como el Sol o por un estímulo tal como un trueno, un rayo, un láser, un relámpago, un equipo de sonido, etc., que provocan la excitación y movimiento simultáneo de los campos eléctrico y magnético. Estas excitaciones fotónicas, con carga eléctrica, así ésta sea cercana al cero absoluto, se propagan, a través del espacio.

Entonces cabe la pregunta: «¿Acaso las ondas electromagnéticas *transportan* **cuantos de energía**, esto es, **fotones?**»

La respuesta es que: **esto no es verdad**. La realidad de que las ondas electromagnéticas **no transportan energía**, es que los **fotones** que las forman, son partículas o campos electromagnéticos que **no tienen movimiento de desplazamiento**, sino **vibratorio** y de **transferencia**. Ellos *transfieren* **la energía** en distintos grados, de modo continuo, en forma de cuantos, a través del firmamento o **Fondo Cósmico Fotónico**. Y como este **medio** está impregnado de **fotones** que lo mantienen *conectado*, como una especie de espuma cuántica, esto permite transmitir la Fuerza de la Gravedad y la *Teleportación cuántica* o capacidad de transferir información (datos, sonido, imágenes, etc.), usando partículas cuánticas entrelazadas (fotones).

Con los instrumentos ópticos y a veces a través de medios más simples, nosotros vemos *las ondas* o radiaciones electromagnéticas, como si fueran *líneas o hileras de partículas* que **transportan** *Luz* desde un punto hasta otro. Pero ésta es sólo la forma en que las vemos, porque los **fotones** que conforman las *ondas*, no tienen movimiento de desplazamiento, sino vibratorio y de transferencia; pero al ser excitados *transfieren* energía en distintos grados, por todas partes.

Si los fotones **transportaran** la energía, entonces ellos tendrían que:

a) Mantenerla igual en todo momento; de tal manera que, si la luz del Sol sale sólo en forma de rayos gamma o de electrones, que es como se encuentran en la superficie solar, deberían traerla de esta forma hasta la Tierra; sin embargo, dichos rayos con sus partículas van perdiendo **energía-masa** con la distancia hasta llegarnos en forma de fotones de

luz y continuará perdiéndola, hasta que casi desaparece en el firmamento, terminando en fotones, en estado de reposo, en Energía Oscura.

b) Por ser el Sol una esfera abierta (sin circunferencia), facilita que su luz se propague a manera de ondas electromagnéticas alrededor de todo el espacio fotónico y *no a un punto determinado*.

c) Si del Sol saliera un rayo, dirigido a un punto determinado de la Tierra, dicho rayo demoraría en llegar ≈ 500 segundos, tiempo en el cual ese rayo ya no podría llegar a tal punto, debido a que la Tierra con su movimiento permanente de traslación a una velocidad de 29.8 Km/s, ya se habría desplazado unos 14.900 kilómetros.

d) Como además, la mencionada *transferencia de energía fotónica*, es afectada con la curvatura que sufre este rayo de luz, con Energía (carga eléctrica) de 3×10^{-33} y masa aproximada a 10^{-2} eV/c^2, al pasar por la Tierra, provocada por la gravedad de ésta, la situación se complica aún más. Añadiendo a esto que, al parecer la atmósfera distorsiona las ondas electromagnéticas en algunas frecuencias.

e) La luz sale del Sol, de las estrellas o de una lámpara a manera de ondas electromagnéticas, que se propagan de manera similar a como lo hacen las ondas que se forman en un lago cuando arrojamos un objeto, que empiezan pequeñas y con mucha energía; pero a medida que se van expandiendo, van perdiendo energía hasta que terminan en un estado de reposo. A su vez, el sonido también es una onda que, como la luz, puede propagarse por el aire e inclusive por el agua y, también desparece con la distancia.

f) Claramente, existe el *transporte de energía fotónica dirigida* en casos tales como los rayos X, láser, infrarrojos, etc.

Una prueba clara, de que las ondas electromagnéticas representadas en **fotones**, no *transportan* **energía** exclusivamente de un lugar a otro, la tenemos en nuestro hogar o en cualquier edificio donde hacen presencia a la vez: la luz, el sonido, las imágenes, etc., todo lo cual se puede percibir en cualquier rincón o lugar de la edificación, gracias a que el medio fotónico conformado por diminutas partículas o campos electromagnéticos facilita la *propagación* de estos y otros fenómenos a todas partes y no a un sitio en especial.

Otra prueba, la tenemos en un eclipse total de Sol, que a pesar de que él sigue alumbrando normalmente, durante un tiempo breve, no tenemos su luz y esto se debe a que la Luna al interponerse, impide que la luz del Sol llegue a la Tierra. Esto demuestra que los fotones de esta franja de luz solar no estaban destinados a transportar energía específicamente a la Tierra o a la Luna, ya que los fotones **no transportan energía** de un lugar a otro si no que la transfieren o propagan de una fuente (el Sol) a todas partes.

Y a medida que el eclipse va pasando, la excitación de los fotones existentes entre la Luna y la Tierra va aumentando, hasta recuperar toda la energía lumínica y ahora podemos ser iluminados de nuevo por el Sol. Pero, aunque los fotones impregnan y conectan en forma permanente todo el espacio, en las noches de luna llena, ellos no transmiten la luz del Sol, sino que ésta es reflejada tenuemente por ellos dese la Luna, a manera de un espejo.

Igual sucede cuando encendemos un equipo de sonido o emitimos cualquier fuente acústica o cuando en la noche encendemos lámparas, estamos creando en alguna parte del *Fondo Cósmico Fotónico* del lugar, ondas sonoras o lumínicas, que facilitan la propagación de tales alteraciones caracterizadas por vibraciones de los **fotones**. En efecto, éstos experimentan cambios de presión (acústica, lumínica, etc.) cuando reciben tales excitaciones y las *transmiten o propagan alrededor* de las fuentes, en forma de ondas y vuelven a su posición original o de reposo, cuando pasa la perturbación o con la distancia.

Las ondas o excitaciones fotónicas vistas con potentes instrumentos, parece que viajaran por el aire desde un lugar a otro u otros a través del espacio fotónico; tal es el caso de las señales de televisión o de internet, etc., que *transmiten* imágenes, sonido, datos, etc. desde un determinado lugar y, que inmediatamente salen en todas las direcciones hasta algún punto sea específico o no, debido a que son excitaciones fotónicas que pueden ser captadas o recibidas en algún lugar determinado o en ninguno. Y lo más importante es que, podemos utilizarlas cada que queramos, en el día y en la noche.

Importantísimo, como los fotones son micropartículas que pueden tener distintos grados de energía-masa, ellos pueden ser atrapados, por ejemplo, como *partículas de Luz*, con modernos instrumentos, tal como lo están haciendo ahora en importantes laboratorios de China, Europa y Estados Unidos, siendo utilizados para la transmisión o transferencia de Información, datos y otras aplicaciones.

Claramente, en los ejemplos anteriores, no se crearon fotones para transportar específicamente Energía, Luz, Sonido, Datos, etc., sino que se produjeron determinadas perturbaciones, excitaciones o actividades que fueron *transmitidas o propagadas*, por los fotones ya existentes en el firmamento; pero que ahora estaban excitados en diferentes grados de energía.

Si no existiera un Fondo Cósmico Fotónico *o un Éter* impregnado de fotones, conectando todo el espacio aparentemente vacío, la luz del Sol no llegaría a nosotros, *ni se transmitiría la fuerza de la Gravedad*

La naturaleza no tiene diseños ni propósitos ni planes, por lo tanto, el Sol no emite fotoelectrones, para transportar luz, específicamente a la Tierra o a determinados sitios elegidos por él, ya que él y las estrellas, simplemente esparcen energía en todas las direcciones por todo el infinito espacio, a manera de ondas electromagnéticas, pudiendo ser aprovechada por la Tierra y por otros cuerpos celestes o por ninguno, caso en el cual, sigue sin rumbo hasta que por la distancia su intensidad se acerca al cero absoluto.

Einstein dijo que *la energía se manifiesta en forma de radiación*, la cual como ya vimos, está compuesta por **fotones** y puede transformarse por sí misma de un tipo de radiación a otro, como por ejemplo de energía fotónica a electrónica o de lumínica a térmica y viceversa, etc. Importantísimo, es que ella puede continuar inmersa en el vacío y en la materia, como lo ha estado por siempre. Además, para que se pueda cumplir la Ley de la Gravitación Universal, es necesaria la existencia de un ***Fondo Cósmico Fotónico***.

Para ilustrar mejor, la existencia de dicho **Fondo**, tanto en el firmamento como en cualquier lugar, imaginemos que nuestro hogar alberga también la radiación electromagnética o parte del espectro electromagnético esto es, que está impregnado y conectado por

fotones, que nos facilitan que, si activamos la corriente eléctrica, las lámparas emitirán luz iluminando todo y el equipo de sonido emitirá su resonancia y, el aire acondicionado tornará el medio más fresco; pero si en la noche sentimos frío y encendemos la calefacción, el medio se volverá caliente, etc., etc.

Del mismo modo, cuando encendemos y apagamos remotamente diversos equipos, electrodomésticos, etc., la mayoría de los controles o mandos a distancia, se comunican con sus respectivos aparatos vía señales de infrarrojo, de radio e inclusive de ultravioleta, liberando energía en forma de fotones con diferentes grados de energía.

Todo esto sucede sin que haya transporte de energía (**fotones**) de un lugar a otro de la casa o del exterior, sino que estos fenómenos se transmiten por excitación de dichos fotones, mediante su movimiento vibratorio y gracias a la propiedad que tienen estas partículas transparentes que impregnan aquel medio, de adquirir o perder escalonadamente energía-masa, cuando son excitados o estimulados por alguno de estos mecanismos; pero cuando se inactiva el mecanismo, los fotones entran a su estado de reposo.

De todo esto podría concluirse: que la radiación o energía del Universo, está conformada por un Fondo Cósmico Fotónico o un *Éter no necesariamente lumínico*, compuesto por **fotones** con distintos grados de energía, que impregnan y conectan todo, teniendo presencia permanente también a nuestro alrededor.

Hubo un receso de diez días para investigar más algunos temas y la siguiente reunión fue en uno de los laboratorios de la Universidad.

Empezamos argumentando que la idea con este libro, es profundizar en las investigaciones y avances científicos, para estructurar un contexto científico-filosófico y así poder explicar de una manera satisfactoria, todo aquello que la sola ciencia o la sola fe, separadamente, no han podido explicar debidamente e inclusive, lo que juntas tampoco han podido hacerlo.

Para ello es necesario hacer una transcripción de los resultados obtenidos de los inventos, de las hipótesis, de las teorías científicas y filosóficas, de los conocimientos adquiridos, de las observaciones, de la aplicación del sentido común y de todo lo que pueda proporcionarnos una mejor comprensión del Universo, desde su estado inicial, así como el papel del hombre en el viaje por él.

Entonces, ahora sí, preguntémonos:

Hipótesis 3. **Si el Universo es el efecto, ¿cuál fue la causa?**

Alguna vez hemos pensado que tuvo que haber existido un *momento cero que dio origen a la materia y al universo*, ahora nos preguntamos: ¿cuál fue la causa?, ¿qué había antes del Big Bang?

El principal problema que enfrentan los científicos consiste en no poder aplicar las teorías físicas, para describir el Universo en su Estado Inicial y el momento del nacimiento del Universo material; esto debido a que siguen aferrados a la teoría del Big Bang clásico.

Se sabe que las leyes de la física no pueden utilizarse para calcular los eventos y procesos ocurridos desde el estado inicial o *momento cero* del Universo, anterior al Big Bang, ya que esto corresponde al ámbito de las leyes naturales, inherentes a la *Energía fotónica* que impregna y conecta todo en el firmamento, la cual no ha sido tenida en cuenta ni comprendida como se debe, por los científicos atados a la teoría del Big Bang clásico, como si fuera un dogma religioso.

Para acercarnos a las posibles respuestas a esta ***hipótesis***, tomemos un tema visto atrás, referente a que existe una radiación *(energía) o sustancia*, que impregna y conecta todo el infinito firmamento, conformada por unas partículas denominadas fotones, que se presenta a manera de una Energía Suprema, ya que tal sustancia es eterna e infinita. De hecho, para muchos, ésta sería la mejor forma de tratar de explicar que esta *sustancia* representa a aquella **Energía Suprema** que fue **la causa de Todo** y que abarca todo.

Vamos a ver que existen muchas teorías acerca de *cuál fue la causa de este maravilloso efecto* que llamamos Universo.

En el Libro «La Partícula Divina» de León Lederman, se lee en su carátula: «Si el universo es la respuesta, ¿cuál es la pregunta?». Otra pregunta pudo ser: «Si el universo es el efecto, ¿cuál fue la causa?» o también: «¿Cuál fue la causa de este maravilloso efecto, que llamamos Universo?».

Partamos de que debe existir una causa, un **Algo**, que desde siempre y para siempre, esté inmersa en el infinito firmamento y, que también se presente en otras formas. En las investigaciones científicas se ha encontrado que, esa causa, ese Algo, está representada en la radiación (***energía fotónica***).

Entonces, tomemos del Universo y de la ciencia, **Algo** que es común para la mente de todos, la **Energía**, aquel ente misterioso y maravilloso que impregna y conecta todo, aquella *sustancia* que está en todas partes, en sí misma y a la vez en la materia.

Aquella *sustancia* que Descartes definió como «todo aquello que no necesita de ninguna otra cosa para existir» y que, para Baruch Spinoza: «es la realidad, que es causa de sí misma y a la vez de todas las cosas; que existe por sí misma y es productora de toda la realidad objetiva, que es a la vez, soporte de sus cualidades, de sus transformaciones y de sus circunstancias. Que es esencia y existencia en sí misma».

Efectivamente, las investigaciones nos condujeron a que tal medio debe estar constituido por un tipo de partículas universales, (los *fotones*) que por ser extremadamente pequeñas y transparentes, pueden funcionar como virtuales y como reales; además, *que tengan vida estable*, aunque puedan transformarse; pero cumpliendo con las leyes de *la conservación de la Energía y la Materia*; porque tuvo que haber existido una causa, unos elementos y unas circunstancias, que provocaran el primer evento del cual partió todo.

Entonces, al preguntarnos *¿**Cuál pudo ser la causa de todo**?*, podemos escoger, entre otras, **tres teorías**, organizadas de manera que podamos entender mejor este tema. Ellas son:

3.1. De una gran explosión, el *Big Bang*

¿Ocurrió el *Big Bang*? Sí. ¿Fue una explosión? Sí

El nombre de *Big Bang*, fue dado por el astrofísico inglés Fred Hoyle, en un programa radial de la BBC, quien lo utilizó para burlarse de una nueva teoría sobre el **Origen del Universo**, que estaba haciendo mucho ruido y mucho eco, a principios del siglo XX. Se trataba de un modelo llamado originalmente «Átomo primigenio» o «Huevo cósmico», que fue teorizado en 1923, por Georges Lemaitre, sacerdote belga, matemático, astrónomo y profesor de física, a partir de las ecuaciones del físico Albert Einstein, quien concebía al Universo como estacionario, según su Constante Cosmológica.

En oposición a lo que pensaba Einstein, los científicos Aleksandr Friedman en 1922 y Georges Lemaitre en 1927, propusieron la teoría de la Expansión de Universo, en la que también habían trabajado: Vesto Slipher 1912, Milton Humason y Edwin Hubble, quien la demostró y publicó en 1929. Se conoce actualmente como ley de Hubble-Lemaître. Ellos concluyeron que el Universo no era estacionario, que éste tenía un origen.

Lemaitre describió la formación del Universo a partir de una explosión espontánea, algo así como de una *Singularidad* espaciotemporal en expansión. El astrónomo británico Arthur Stanley Eddington (1882-1944), fue uno de los primeros físicos que defendió la hipótesis de la gran explosión que dio origen al Universo.

Como vimos atrás, una *Singularidad*, desde un punto de vista físico, puede definirse como un *fenómeno* que se presenta en una zona del espacio-tiempo, donde no se puede definir alguna magnitud física; es decir que ninguna ley física puede ser aplicada.

Para los teóricos del Big Bang todo empezó así: «la Nada era todo y todo era un gran vacío y de pronto hubo una gran explosión y de ella nació todo, y los tres primeros minutos fueron suficientes para la formación del universo».

Los modelos teóricos del *Big Bang* clásico predicen que, en el principio mismo del tiempo, la densidad del Universo era infinita y la energía estaba concentrada en un punto de altísima densidad, el cual, en un momento dado, explotó y se expandió creando lo que conocemos como el Universo.

De acuerdo con la teoría del *Big Bang*, el Universo surgió espontáneamente de la **Nada**. Efectivamente, según ella: «se cree que toda la materia conocida que compone al Universo estaba concentrada en un punto de extrema densidad e infinitamente caliente y en cualquier momento explotó: Conforme el universo se expandía la temperatura de la radiación disminuía, a tal punto que cuando el universo duplica su tamaño, su temperatura se reduce a la mitad. Según esta teoría, un segundo después del *Big Bang*, la temperatura habría descendido alrededor de diez mil millones de grados… y… en los tres primeros minutos se formó el Universo».

Es claro que el Big Bang, es una teoría sobre la cual se siguen realizando múltiples investigaciones; pero salta la pregunta obligada: ¿Cómo el **Todo**, pudo haber surgido de la **Nada**?, ¿cómo algo tan grande y maravilloso como es el Universo, pudo haber surgido de la **Nada**? Entonces decidí seguir investigando para poder explicar mejor, con pruebas razonables el origen del **Todo**

Porque lógicamente, esto hace pensar que los defensores de dicha teoría, por desconocer la preexistencia de **Algo** o quizá de un Ser superior, están *confirmando* que todo proviene de la **Nada**, cuando en realidad se requería de un **Algo**, considerando que, para la física, la **Nada**, el **vacío** absoluto como tal, no existe.

Para que a partir de la *Nada*, *algo* sea creado y tome forma, se requeriría entonces que esa **Nada**, de algún modo estuviera impregnada de **Algo** invisible, etéreo, una *sustancia* especial o un **Algo eterno como la energía**.

Esta teoría es válida para explicar muchos fenómenos del Universo; pero no para explicar el Origen del **Todo**, ya que como veremos, el Big Bang clásico no fue la **causa** primera, sino un **efecto**.

La teoría del *Big Bang* clásico, es incapaz de describir el Universo en su estado anterior a dicho evento; esto debido a que esta teoría debe aceptarse sólo como un acontecimiento particular en la evolución del Universo. De hecho, ésta es *la teoría que estudia las transiciones de fase por las que pasa el universo primordial, durante sus primeras etapas desde que se originó.*

A eventos o sucesos como el *Big Bang*, los físicos los denominan *singularidades*; esto es, *fenómenos* en los que ninguna ley física puede ser aplicada; pero por fortuna la propia física cuántica, aunque no explícitamente, proporciona valiosos elementos, para describir, lo que queda por fuera del área de la física clásica.

De hecho, el Universo no pudo haberse formado como lo expone la teoría del Big Bang ni ésta puede describirlo en su Estado anterior.

Entonces, como con la teoría del Big Bang, *no es posible describir el Universo en su Estado Inicial* o estado anterior a dicho evento, porque tener que aceptar que fue un *efecto incausado* ocurrido hace unos 13.800 o 16.700 o más millones de años, nos lleva entre otras, a las siguientes interpretaciones:

- Que es tener que aceptar que de la **Nada** brotó **Todo**, sin un procedimiento adecuado y sin que haya existido una causa y unas circunstancias, que provocaran una explosión (Big Bang).

- No podemos establecer la fecha del Big Bang, como el momento de la creación de **Todo**, entre otras cosas porque este fenómeno es un *efecto* y no una *causa*, como se explicará más adelante. Sabemos que: *en el paso de una porción de la **Energía** (inicialmente Oscura), a la **Materia Real**, todo es una sucesión de causas y efectos*.

- ¿Será que puede explotar algo de la **Nada**, dando forma y realidad al Universo?

- Sabemos que la teoría del Big Bang no es la teoría sobre el Origen del Universo, sino que es la que estudia las transiciones de fase por las que pasó el universo primordial, durante sus primeras etapas.

- La teoría del Big Bang quedaría entonces como una concepción de Física tardía de que el Universo se originó a raíz de una gran explosión que surgió de la **Nada**, sin entrar a detallar suficientemente: Qué generó la explosión, qué explotó, cómo y porqué explotó, etc.

- Como afirman muchos pensadores: Es más fácil creer en el origen del Universo, con los argumentos que utilizan las religiones, que con las explicaciones que soportan al Big Bang clásico.

- Recordemos que el padre de esta buenísima teoría, fue el gran Científico y Sacerdote Belga Georges Lemaitre, el cual también fue el padre de la teoría del Universo en Expansión. Lemaitre fue muy atacado por los principales científicos de la primera mitad del siglo XX, aunque muy reconocido por otros, incluido el Papa Pio XII, quien lo nombró su asesor personal en asuntos científicos.

- En rigor científico, el Universo, sí proviene de una Ruptura espontánea de Simetría de éste, en su estado inicial, la cual provocó una cadena de eventos, que como lo demostraremos en este libro, terminaron en una gran explosión, un primer y verdadero Big Bang, un efecto causado por todo un proceso fenomenológico.

- Además, dada la eternidad del Universo, es muy difícil establecer una fecha ligeramente exacta para determinar el momento de su inicio. Pero para los grandes pensadores, teóricos, experimentadores, etc., tuvo que existir un primer momento, que de todas maneras, debió ser muy anterior al estimado por la teoría del Big Bang clásico, que lo establece hace unos 13.800 millones de años.

Hablar con exactitud del tiempo en el que se originó el Big Bang y otros sucesos es muy difícil, por lo siguiente que es muy importante:

El Tiempo no existe para el Universo ni para la naturaleza

El **tiempo**, es una magnitud de la Física, para medir la duración o la separación de uno o varios eventos o sucesos. Es una maravillosa herramienta muy asociada al movimiento y al espacio, *creada por el hombre*, para hacer sus mediciones basándose principalmente en el movimiento de rotación y traslación de la Tierra con referencia al Sol; en observaciones astronómicas, en el ciclo día noche, en el ciclo lunar, etc.; pero en realidad «*el **tiempo** no existe para la naturaleza*», ya que ésta siempre ha actuado y actuará sin tenerlo en cuenta, porque ella se rige por sus propias leyes.

Para poder considerar el tiempo como una magnitud identificable, es necesario comprender los fundamentos de la medición de éste, en una situación determinada, que permita definir el concepto de eventos simultáneos, asociados, análogos e inclusive diferidos y diferentes, para poder determinar experimentalmente una cantidad reconocible y una relación de causa-efecto. Además, debe establecerse de manera experimental una relación que debe ser asociativa entre dos o inclusive entre varios eventos, que a la vez, sea precisa y perdurable, dado que, la precisión, la uniformidad y la estabilidad, deben estar vinculadas y requieren una definición científica concreta.

Una prueba clara de que el tiempo *es sólo una herramienta ingeniada por el hombre*, es que para cada historia, actividad, programación, evento, experimento, deporte, etc., han existido y existen diferente mediciones del tiempo.

Los «cuantos o periodos de tiempo», son necesarios para: medir el intervalo en el que suceden una serie ordenada de acontecimientos, para hacer cálculos, hacer programaciones y mediciones de sucesos del pasado, del futuro y muchos eventos más, como conocer nuestra edad, calcular la edad del Universo y de algunas estrellas; controlar experimentos, calcular eventos cíclicos como las cosechas; inclusive para prever la causalidad y los efectos de los sucesos de la vida.

Igualmente los «cuantos de tiempo» son una herramienta útil para lo relacionado con el concepto de espacio-tiempo de Minkowsky, profesor de Einstein.

Vimos atrás que la naturaleza no se rige por un plan ni tiene la programación para determinar, por ejemplo, el **tiempo** y las fechas exactas en las cuales se iniciarán y terminarán las estaciones el próximo año; tampoco tiene programados: el **tiempo**, la fecha y la hora del próximo sismo, de la siguiente tormenta, del eclipse que viene o del brote de una flor o de un fruto que ha de aparecer. Tampoco programó el **tiempo**, el lugar y el propósito de la primera Ruptura de Simetría del Universo ni del primer *Big Bang*.

El tiempo, al igual que los números, son magnitudes reales en nuestra mente; pero no existen en la naturaleza. Para poder darles realidad física, tenemos que representarlos o escribirlos o expresarlos en algún medio; por ejemplo, para describir el tiempo de duración de un día, debo escribir o representar en algún medio, que son **24 horas**; para dejar constancia de la edad de la estrella Earendel, debo escribir que está a **12.900 millones de años luz** (ma) de la Tierra; para dejar constancia del diámetro que tiene el Universo Óptico, debo escribir que es de $\approx$ **93.000** millones de años luz o sea con un radio desde su centro hipotético de $\approx$ 46.500 ma, lo cual implicaría más del triple de la edad del Big Bang, calculada en $\approx$ 13.800 o 16.700 ma, etc.

Según la *Teoría de la relatividad*, el tiempo debe estar asociado a las tres dimensiones espaciales (largo, ancho y espesor), concretamente en el ámbito del movimiento y del reposo, en un entramado tetradimensional al que se ha denominado *espacio-tiempo*.

3.2. Del Bosón de Higgs

Una tercera teoría afirma que la Materia proviene de una partícula de materia, denominada: El Bosón de Higgs, «…que interactúa con cualquier partícula (o campo) que tenga masa en reposo no nula», esto es, «…que dota de masa a las partículas elementales, que tengan masa en reposo **no nula**», quiere decir, que dota de masa sólo a aquellas que tengan **masa real**. Entonces si éstas ya tienen masa expresa, nos preguntamos: ¿para qué necesitan que algo externo a ellas, las dote de masa? De hecho, las explicaciones con las que sustentan esta teoría, indican que no las dota, sino que ya la tenían.

¡No parece aceptable, querer explicar el origen de la materia a partir de la propia materia! ¡Es como querer demostrar que Dios existe porque fue creado por Dios!

Según los últimos hallazgos científicos, esta teoría no puede ser válida para explicar el Origen de la Materia, debido a que este Bosón es una partícula (teórica) que carece de muchos requisitos, que veremos más adelante, entre ellos la ausencia de eje o espín, el cual es una propiedad cuántica de las partículas asociada al magnetismo. De hecho, este Bosón *no pudo ser la causa* primera de la materia, sino *el efecto* de varios procesos anteriores, entre ellos, la desintegración de protones y neutrones, donde este bosón termina convirtiéndose es en partículas con más energía que materia (electrones y neutrinos). Además, parece ser que este bosón sea sólo una construcción de la física-matemática del Modelo Estándar.

Fue debido a la dificultad para encontrar esta partícula, que se decidió llamarla sarcásticamente, la ***Partícula Divina***. Sin embargo, según las últimas investigaciones científicas, la verdadera partícula generadora de la **materia** es el **Fotón**.

De todas maneras, como seguramente existen más razones, estos temas están ampliados suficientemente en los siguientes capítulos, de tal forma que puedan resolver cualquier duda.

De hecho, tenemos que llegar hasta lo más profundo de las teorías, revisando todos los modelos que nos han enseñado y retomando la duda metódica promovida por René Descartes en el siglo XVII, para irnos acercando a la verdad.

Hay que profundizar en estas consideraciones, que nos podrán llevar a concluir que necesariamente tuvo que existir un *Antes* y un *Algo*, que provocara el **inicio de todo**, un Algo singular, extraordinario, un Algo que ha de existir *desde siempre y para siempre*, una **causa incausada y sustancial**; pero para poder conocer ese Algo, debemos tener una disposición mental muy abierta, como la tuvo el sacerdote Georges Lemaitre, padre de la teoría del Big Bang y del Universo en Expansión, quien siendo científico, no renunció a su Fe.

Por ejemplo: una **causa incausada y sustancial** podría ser la radiación cósmica, representada en **fotones** que han impregnado y conectado por siempre el espacio infinito. Y salta la pregunta: ¿Acaso serán éstos, las partículas generadoras de la **materia**?

Y la respuesta es que estas partículas, son las únicas que pueden presentar diferentes grados de energía-materia. Y con la influencia de algunos fenómenos naturales, pudieron generar la **materia**.

Como de las dos primeras teorías, ya existe suficiente información, ahora debemos emplear todas las investigaciones en una teoría más real y sustentable: **la Tercera teoría** o mejor, una *hipótesis* más, la cual surge de la siguiente pregunta: «*¿Acaso será que el Universo se formó a partir: ¿De una Sustancia única y transparente que impregna y conecta todo, denominada Energía-masa Fotónica?*»

Para una mejor comprensión de los temas que siguen, es recomendable tener claros 3 conceptos: 1) la **Energía**, que es la potencialidad que tiene **algo**, para transformar y transformarse, para poner en movimiento, para evolucionar, etc. 2) la **Materia**, que es todo elemento físico que ocupa un lugar determinado y posee una cantidad específica de energía, masa, forma, peso y volumen; 3) por su parte la **Masa**, que es una magnitud física que expresa la cantidad de materia de una partícula o de un cuerpo.

3.3. De los Fotones

Se espera que todo ha de provenir de una sustancia transparente, que debe impregnar y conectar todo el firmamento, denominada *Energía-masa Fotónica*, obviamente compuesta por **fotones**, que ha de ser el principio o **causa** de *Todo*: «**el Origen de la Materia**».

La diferencia entre la teoría del *Big Bang* clásico y la del Bosón de Higgs, frente a esta nueva ***hipótesis fotónica***, radica en que aquí se está tratando de hacer un seguimiento a los procesos secuenciales que iniciaron un grupo de **fotones** con su *energía-masa*, con el debido orden y rigor científico y filosófico, para explicar, el origen del **Todo**: de la Luz, de la materia, del Big Bang verdadero, de la primera estrella, del Bosón de Higgs, de los átomos, etc., etc.

Para entender mejor esto, resumámoslo en unas cuantas guías, así:

- Se trata de explicar de una manera adecuada, el origen de la *materia* y del *Universo*, a partir de las ***leyes de la naturaleza***, para satisfacer: a los físicos, a los intelectuales, a los religiosos y a los espiritualistas.

- Aceptar la existencia de una causa, un Algo, una *sustancia* que desde siempre ha estado inmersa en el aparente vacío infinito; pero que también esté en otras formas, como la energía y la materia.

- Que esa causa, ese Algo, esa *sustancia* ha de ser la **Energía-masa *fotónica***, en todos sus diferentes grados, la cual es como un ente misterioso y extraordinario que lo impregna y conecta todo, que está en todas partes, en sí misma y a la vez en la materia.

- Que tal *sustancia* ha de estar constituida por un tipo de partículas (los *fotones*) que además de ser extremadamente pequeñas y casi transparentes, puedan funcionar como virtuales y como reales; además, *que tengan vida estable*, aunque puedan transformarse; pero cumpliendo con las leyes de *la conservación de la Energía y la Materia*; porque tuvo que haber existido una causa, unos elementos y unas circunstancias, que provocaran el primer evento del cual partió todo.

3.3.1. Un breve repaso a la Energía

En física, «**energía**» se define como: «la capacidad para realizar un trabajo, para impulsar, mantener y alterar el estado de movimiento de una partícula o un cuerpo».

Sabemos que la **energía y la materia** no se crean ni se destruyen, sino que se transforman, entonces ellas son un **Algo**, una esencia que desde siempre y para siempre, está inmersa en el infinito vacío aparente. Efectivamente ellas son un **Algo** cuya causa y fundamento, no se hallan en alguna otra cosa, *sino en sí mismas*, con plena capacidad para transformarse y evolucionar.

De igual manera: la energía-masa de los **fotones** que impregnan el firmamento no tienen necesidad de algo externo a sí mismos, para existir y su acción no está limitada o condicionada por algo preexistente, porque ellos son lo que son, la potencialidad misma.

Como la *energía* es también la capacidad que tienen los sistemas de partículas elementales y compuestas o los cuerpos para pasar de un estado a otro, esto es, para producir diferentes efectos; ella tiene la propiedad intrínseca de poder actuar, de transformarse en materia y de infundir sus cualidades y propiedades en el Universo.

Y como los fenómenos y efectos físicos o químicos no son más que manifestaciones de alguna transformación de la energía, entonces todo esto es una cadena de causas-efectos-causas, que desde siempre y para siempre se ha manifestado en las leyes de la conservación de la materia y la energía y, en sus interacciones y transformaciones.

Luego, si el hombre es parte de todo esto, entonces hace parte de una Energía Suprema, procede de Ella y vuelve a Ella. Hemos visto que esta **Energía Suprema**, es una idea real de la mente del hombre, ya que para que algo sea real, no necesariamente debe tener realidad física o realidad visual.

Por ejemplo, los números existen y son reales en nuestra mente, pero para poder darles realidad física, tenemos que escribirlos, así el número 27 es real en nuestra mente; pero para poder darle realidad física, tengo que poner en acción dos de mis sentidos: el tacto para escribirlo y el ojo, para verlo.

Igual sucede con lo real y lo ideal: Lo real se origina en una idea, en un pensamiento determinado, que activa nuestra voluntad para realizar una acción, que puede ser material o inmaterial, esto es física o mental; luego buscamos unos recursos para crear una realidad física o mental, que no existían o que solo existían en la mente.

3.3.2. La energía del vacío o energía de punto cero

En Física, ésta es la energía más baja posible (cercana al cero absoluto), que un sistema físico mecano-cuántico puede poseer. También es denominada como: «*fluctuaciones cuánticas*» o «*vibración del punto cero*». Y esta es *la energía del estado vibracional* que regía en el Estado Inicial del Universo y que rige actualmente en el espacio que vemos como vacío, así como también en *la Energía Oscura* y en la *Materia Oscura*.

La energía del vacío permite predecir la existencia de la *constante magnética* o *permeabilidad del vacío*, así como la existencia de partículas virtuales y reales, tales como los ***fotones*** o cuantos de energía en estado libre, los cuales son ***partículas reales*** cuando los observamos en cualquier tipo de radiación, como la luz, las ondas de radio o del sonido, Wifi, G5, las microondas, los rayos X, etc.; pero cuando transmiten la interacción electromagnética entre partículas con carga eléctrica, los fotones, ***son virtuales***.

Ya la ciencia ha demostrado, que el Universo en su conjunto está conformado así: un 95 %, por energía y sólo un 5 %, por la materia que vemos como real o corpórea, de la cual hacemos parte nosotros mismos; pero además, este poco 5 % del Universo físico, del cual hace parte también nuestro cuerpo, a su vez, está conformado en un 98 % por energía y solo en un 2 % por materia real; es decir que la materia que observamos y sentimos, es más energía que materia en sí misma y, todo porque la energía permanece en la materia.

De hecho, *el Universo y nuestro propio cuerpo, están conformados así: ≈ 98 % de energía y un 2 % de materia real*, tal como lo veremos más adelante. Esto nos lleva a deducir que la materia es básicamente energía transformada en todas las posibles formas, características, propiedades, atributos, etc.

3.3.3. La Energía Estática

Conocida también como electricidad estática, es el fenómeno por el cual se presenta una acumulación de un exceso de carga eléctrica, cuando las cargas de ciertas partículas y átomos se descompensan y dejan de ser neutras, como debe ser su estado natural. Por ejemplo, los

fotones por tener carga eléctrica de punto cero se consideran neutros; pero esta neutralidad puede verse alterada espontáneamente ya que el permanente movimiento de rotación sobre su eje (espín) y el leve, aunque continuo roce entre ellos, que los dota de momento magnético y le permite generar energía estática y electromagnetismo e inclusive provocar alguna singularidad y convertirse en electrones.

La acumulación de *energía estática* se presenta generalmente en un sitio o región con poca conductividad eléctrica. Cuando el exceso de carga eléctrica alcanza un nivel crítico, genera una *descarga electrostática*, generando una **Chispa**, con emisión de **luz** (electrones, **materia**).

De acuerdo con *Física aplicada*, son muchos los ejemplos de **energía estática**. Veamos algunos: cuando inflamos un globo y lo frotamos sobre un trozo de lana y lo soltamos, el globo se dirigirá al techo, quedándose «pegado» en él, gracias al diferencial de carga eléctrica. Igualmente, al peinarnos en seco el peine se electrifica presentándose una transferencia de electrones entre nuestro pelo y el peine y, si lo volvemos a acercar veremos cómo nuestro pelo cobra movimiento. Igual ocurre cuando algunas veces se erizan los vellos al colocarnos prendas confeccionadas con nylon, lana, etc.

El tema que sigue podía parecer que debió exponerse antes; pero esta ubicación es necesaria para sustentar las siguientes Hipótesis.

¿Qué había antes del Big Bang y qué lo provocó?

Algunos teóricos sostienen que antes del *Big Bang, no hubo nada*. Sin embargo, ahora todo parece señalar que antes de la formación del

Universo visible, sí existía una energía: la **Energía Oscura** conformada por partículas transparentes, en estado de reposo denominadas **fotones**, un Éter no lumínico ni relativista, una sustancia que se encontraba tal como se encuentra ahora, invisible, diluida y conectando tenuemente el etéreo e infinito firmamento.

Debió ser un **Todo** armónico, una especie de espuma cuántica, un **Fondo Cósmico Fotónico**, un *Éter no necesariamente lumínico* ni relativista, conformado y conectado por **fotones**, partículas con energía-masa cercanas al cero absoluto, que las hace transparentes; que no se desintegran para garantizar la conservación de la Energía y de la Materia; normalmente en estado *estático* o estado de reposo (sin desplazamiento de partículas), aunque con permanente movimiento giratorio en torno a su hipotético eje, que les proporciona magnetismo también de punto cero, para mantenerlas ligeramente unidas.

Ante todo, debemos saber que lo **estático** se define como: «algo carente de movimiento de desplazamiento»; pero los cuerpos y las partículas mantienen su movimiento interno tal como sucede con los átomos o con el Sol, que vemos como estático y sin embargo está girando continuamente en torno a su eje imaginario y, además, adentro está lleno de actividad. Así se encontraban los fotones que impregnaban y conectaban el infinito firmamento primigenio.

De hecho, los fotones son partículas con energía-masa tan extremadamente pequeñas, como cercanas al cero absoluto, que las hace transparentes, no podemos verlos; pero tampoco podemos negar su existencia; así como no podemos negar la existencia en el aire del nitrógeno, el oxígeno, el dióxido de carbono, el vapor de agua, entre otros, sólo porque no podemos verlos, ya que, aunque los neguemos, estos existen y constituyen una realidad objetiva.

En conclusión, esto era **lo que había antes del Big Bang** y, lo que habrá por siempre en el infinito firmamento: *fotones por doquier* formando un **Fondo Cósmico Fotónico**, conformado inicialmente por Energía Oscura, en medio de la cual existían algunas partículas virtuales, que tan pronto aparecían igual desaparecían (seguramente quarks). Era como *un Éter no necesariamente lumínico* ni relativista, en el cual, se presentó algo maravilloso: *¡De la energía-masa de un grupo de fotones energizados, emergió la **Luz**!*

Hipótesis 4. Cómo se originó la *Luz*

De la Energía Oscura a la Aurora del Universo

En sus inicios, el universo era un infinito fondo de Energía Oscura, la misteriosa precursora de todo lo que estaba por venir.

Cómo se originó la *luz* a partir de la energía estática.

Para sustentar esta ***hipótesis***, nos apoyamos en lo que ya vimos, esto es que, en alguna región del infinito firmamento en su Estado Inicial, en el cual reinaba la **Energía Oscura**, se presentó una singularidad o fenómeno natural, debido entre otras cosas a la existencia de *una pequeñísima asimetría*, entre la energía-masa de un grupo de fotones y de sus antipartículas los antifotones facilitando que empezaran a realizar colisiones elásticas, acumulando y concentrando espontánea y gradualmente **energía estática**, hasta que cuando alcanzó su nivel crítico, provocó una **Ruptura de la Simetría** del Universo, generando una *descarga electrostática*, a manera de una gran explosión (Big Bang) en forma de una inmensa **Chispa** (*Luz*), compuesta por infinitos **electrones**.

Y todo pasó de un *estado estático* a un *estado dinámico*, en un tiempo tan extremadamente corto, que no se violaron las leyes de la física ni de la naturaleza. Tal como sucede con los miles de rayos que se presentan diariamente en el firmamento, que ocurren en un momento tan breve, que no alcanzan a romper las leyes de la física. *Y así, el Universo Primigenio pasó de estar formado 100% de Energía Oscura a componerse también de Materia Oscura y de Materia visible.*

En ese momento la naturaleza manifestó su potencial de una manera singular y maravillosa similar a un mandato categórico, expresado por algún Ser Supremo, así: ¡«*Hágase la luz*» !, tal como lo manifiestan algunos libros religiosos.

Fue tanto el entusiasmo que los asistentes a la reunión para tratar este tema, convinimos en salir un rato al club contiguo a la Universidad, donde ordené servir vino y canapés para todos. Y Víctor levantó su copa de vino, exclamando a viva voz: «Creo que debemos brindar por uno de los momentos más importantes y significativos de la historia temprana del Universo, aquel en el cual:

¡Se hizo la Luz!

Y ahora sí, por todos los dioses: ¡Lo que tenía que ocurrir, ocurrió: de **la energía-masa de unos fotones energizados** *emergió la Luz*»

Es posible que muchos seguidores de las religiones abrahámicas no estén de acuerdo con la explicación del *origen de la Luz*, porque para ellos fue un Dios, quien el primer día de la creación dijo: «*Hágase la luz*». Pero pudo ser un acto de su voluntad que quiso transformar parte de su ser, de su **Energía Suprema**, en **Luz** y **Materia**.

Claramente, la explicación dada en este libro proviene del ámbito científico, de la *Física aplicada*; aunque también se tiene conocimiento de que algunas religiones y muchas personas espiritualistas y piadosas, consideran a Dios como una especie de Energía Suprema de la que emana todo. Entonces, la diferencia está solo en la interpretación o desde el punto de vista de donde se mire.

Todo esto radica en que, la ciencia no tiene como propósito explicar la creación a partir de la existencia de Dios, así como la religión tampoco tiene como propósito investigar y explicar los fenómenos del Universo y de la naturaleza a partir de la ciencia; pero para el conocimiento de todos, *producir luz* a partir de la energía estática, es un fenómeno común en la naturaleza y en nuestra vida cotidiana.

La prueba más clara de que, todos también generamos Luz a partir de nuestra energía estática, la tenemos gracias al efecto triboeléctrico causado cuando al tocar o tener un leve roce con otra persona, o con un objeto después de haber estado en contacto con un medio normalmente aislante, como una silla plástica u con otros medios, a veces producimos una descarga eléctrica y *salta una chispa* **(luz)**.

El evento acá es que, *de nosotros saltó una chispa*; pero ¿qué es una *chispa, sino* **Luz**? Entonces, nosotros, sin ser Dios, produjimos el fenómeno de la **Luz**, no de una luz del tamaño del Sol o de los inmensos rayos cargados de electrones, que a diario surcan los cielos y que también son descargas electrostáticas, producto de acumulaciones de energía estática; pero *sí produjimos* **Luz**, igual que la producen diariamente miles de personas en el mundo.

Para muchos parece muy centrada la interpretación de que la luz y la materia pudieron emerger de una Energía Suprema, aunque para la ciencia, ha de ser más claro sostener que: «la Luz y la materia emergieron como una acción espontánea de una infinita sustancia denominada, energía-masa fotónica»; pero lo importante aquí, es la explicación científica, sin necesidad de que nadie renuncie a sus creencias religiosas. Uno de los objetivos de este libro es minimizar la brecha existente entre la ciencia y la religión.

De hecho, éste debería ser el ¡Primer Capítulo de la Historia del Universo, que debe ser esculpido en mármoles eternos!

Debemos tener claro que, *la luz natural, es una forma de energía que ilumina las cosas, y nos permite ver lo que nos rodea.* Se propaga por el espacio mediante los fotones, en forma de ondas electromagnéticas, desde el Sol, las estrellas, las lámparas de alumbrado público, las bombillas, las velas, etc. Y el medio por el que se propaga la luz, ha de ser un **Éter** infinito a manera de un **Fondo Cósmico Fotónico**.

El Big Bang verdadero

Entonces, viene la pregunta: ¿aquella *explosión* a manera de un gran *destello de* **Luz**, esa enorme **Chispa**, *sí fue el verdadero Big Bang?*. Y la respuesta es que este fenómeno, mirado en un contexto científico-filosófico y en una relación *causa- efecto*, sí lo fue y, sí originó la **materia**.

Hipótesis 5. Cómo se originó la Materia en el Universo

El Momento Determinante de la formación de la Materia

Seguramente alguna vez hemos pensado que tuvo que haber existido un *momento cero,* que diera origen a la materia y al universo, ahora la pregunta es: *¿cuál fue ese momento cero anterior al Big Bang?*

La respuesta, según los avances científicos, es que este *momento cero* en el que se *originó la materia*, se presentó a partir de la Ruptura de la Simetría del estado inicial del Universo que era un fondo infinito de **Energía Oscura**, en medio de la cual existían algunas partículas virtuales, que tan pronto aparecían igual desaparecían (seguramente quarks).

Esta **Ruptura de la Simetría**, provocó una *descarga electrostática*, producto de una acumulación de tanta energía Estática, que generó una gran explosión de magnitudes inimaginables (Big Bang) en forma de una inmensa **Chispa** (*Luz*). Este evento, marcó un cambio radical, abriendo el camino para la formación de la luz y la materia; ésta última representada en electrones y quarks.

Aquella **gran explosión** con su destello de **Luz**, aquel fenómeno, sí puede considerarse como el ***primer y verdadero Big Bang***, que generó la *Materia* y con ella, un Universo nuevo.

Pero ojo, la teoría del Big Bang clásico no presenta un proceso previo, sino que declara de una vez que: «En el principio de los tiempos, el Universo surgió de una explosión, pasando de la nada más absoluta, al Todo. Este Todo es tan sólo un lugar muy pequeño, increíblemente caliente y de densidad inimaginable; un pequeño lugar de energía pura concentrada».

De acuerdo al Modelo Estándar de física de partículas, una Ruptura Espontánea de Simetría, tal como la que provocó al Big Bang, «**tiene lugar** por medio de un campo (partícula) escalar que adquiere un valor esperado no nulo en el vacío» y, el único campo o partícula que tiene la propiedad de ir adquiriendo valores, en una distribución espacial, tal como el vacío cuántico, es el **fotón**.

Y como, según Einstein: «*la energía y la materia, son sustancias de la misma naturaleza*», esto facilitó que se presentara el fenómeno natural de que un grupo de fotones realizaran colisiones elásticas, sin que se violaran las leyes de conservación de la energía y la materia; pero los efectos quedaron y el testimonio lo tenemos en nuestra propia existencia y en el Universo que nos rodea.

Vimos que el Universo, en su estado inicial se encontraba como *estático* o en *reposo*, conformado por la infinita **Energía Oscura** reinante, compuesta por fotones en reposo y, cómo gracias a la existencia de *una pequeñísima asimetría*, entre la energía-masa de un grupo de fotones y de sus antipartículas los antifotones, se presentó *un pequeño excedente de energía* y empezaron a realizar colisiones elásticas y, tras un singular proceso natural, alcanzaron el grado de energía necesario para *romper la Simetría* del Universo Primigenio, provocando una descarga electrostática a manera de una gran explosión (Big Bang), una inmensa *Chispa*, formada por **electrones**, esto es, las **primeras partículas de Materia**.

Efectivamente, espontánea y gradualmente se presentó un campo escalar en un grupo de partículas (**fotones**) con masa mínima $\approx$ a 6×10^{-17}eV, y carga eléctrica (energía) $\approx$ a 5×10^{-52}C; es decir que, partiendo casi del cero absoluto, empezó a acumular gradualmente energía estática pudiendo formar como una especie de *nube de fotones* con diferentes grados de energía, los cuales se iban acumulando y energizando cada vez más, hasta que alcanzaron un valor superior a 0.511MeV, que es la masa de los **Electrones**. Cuando la *nube* ahora con *electrones*, alcanzó su nivel crítico, provocó una *descarga electrostática*, a manera de una gran explosión (Big Bang), una enorme **Chispa**, obviamente compuesta por Electrones: **Materia**.

Entonces una pequeñísima pero suficiente parte del estado estático que reinaba en el Universo primigenio, de manera espontánea y natural, ¡se convirtió en un estado fotónico y electrónico dinámicos! Gracias pues a una ruptura de simetría: **¡de la energía-masa** de un grupo de fotones energizados, **emergió la materia!**

Este también fue uno de los momentos más importantes y significativos del Universo, aquel en el cual:

¡Se hizo la Materia!

Según muchos científicos: «la conversión de **fotones** en **electrone**s y viceversa, sólo puede ocurrir en presencia de materia real (átomos)»; pero yo encontré que, en el estado inicial del Universo, sí fue posible una ruptura espontánea de la simetría, ya que, en ese momento, las circunstancias eran muy distintas a las de hoy, entre otras razones por el mínimo grado de polarización existente.

Es más, aún en contra de los paradigmas científicos, en nuestra atmósfera, tenemos los rayos, cuyo calor generado pueden elevar la temperatura del aire circundante, hasta unos 30.000 grados Celsius, generando una expansión rápida del aire y su implosión, que da lugar a un trueno. Y, aun así, no vemos que, por la frecuente aparición de este fenómeno, se hayan roto las leyes de la conservación de la energía y la materia. Igual puede suceder con otros fenómenos del cosmos, que desconocemos.

La energía total del Universo seguramente es tanta, que no debemos temerle a que simples colisiones de partículas, puedan afectar las leyes de conservación, porque de ser así, ¿qué hubiéramos esperado de las explosiones nucleares en Hiroshima y Nagasaki, o de las continuas explosiones y ensayos nucleares o de los relámpagos que suceden en nuestra atmósfera, con ingentes descargas de energía?

Nos preguntamos, entonces: ¿cómo la colisión elástica de unos fotones con sus antipartículas, podría afectar la energía total de aquel firmamento infinito? Sin embargo, alineándonos con las teorías de la física, aceptamos que la colisión de esos **fotones**, provocó la primera Ruptura de Simetría del Universo y, por lo tanto, sí violó algunas leyes de la física y sí fue crucial; pero dado que fue tan extremadamente rápida, no pudo afectar a la naturaleza y, gracias a esto, se pudieron generar los primeros **electrones**, esto es, se pudo **generar la Materia**.

5.1. Materialización de los fotones o de la energía-masa fotónica

Este título se debe al proceso de producción, por parte de los fotones, de pares electrón (e⁻)↔positrón (e⁺), (e⁻ ↔ e⁺), deduciendo, que éstos realmente son ***fotones materializados***.

Pero la cuestión es: *si los fotones carecieran de masa, ¿cómo podrían **producir** materia?* En efecto, parece difícil comprender que algo que no tiene masa (cantidad de materia) visible, sí pueda tener energía; pero esto podemos explicarlo con los siguientes ejemplos:

- Una persona que esté cerca de una explosión siente la onda expansiva, siente que una fuerza enorme la empuja. Esa onda o perturbación pareciera que no tiene masa, materia; pero es porque la tiene es el *medio fotónico* por el que se propaga, ya que sí tienen energía-masa, que no la ves; pero la sientes al ser empujado.

- Otro ejemplo lo tenemos en el *viento* que, aunque no lo podemos ver, sí podemos apreciar cómo su *energía-masa fotónica invisible* mueve las nubes, arrastra los objetos y empuja las tormentas.

- Igual sucede con la **Luz**, que también es una onda, así que tiene **energía** y por ser una partícula también tiene **masa**, así sea mínima, formada por «cuantos de luz» (**fotones**). Albert Einstein, basándose en los trabajos de Planck y de Víctor Luis de Broglie, comprendió que la Luz, actuaba igual como una *onda* y como una *partícula*.

Ahora se sabe que los Fotones de la Luz visible, tienen Energía (carga eléctrica) de 3×10^{-33} y masa aproximada a 10^{-2} eV/c^2. De hecho, los científicos han encontrado la manera de atrapar, almacenar y controlar **fotones de luz** en operaciones lógicas digitales y otras aplicaciones, utilizando la *manipulación óptica*.

Dado pues que, los **fotones** tienen energía-masa, esto provoca que los rayos de luz se curven al acercarse a la Tierra y a otros cuerpos celestes, como efecto de la gravedad de éstos.

Se concluye que las ondas o perturbaciones electromagnéticas se presentan es en un medio fotónico, compuesto por partículas que sí tienen energía-masa así sea de punto cero; es decir, que cualquier punto en el espacio que contiene **energía**, puede ser pensado como que también tiene **mas**a. Y como el **vacío cuántico** está impregnado de estos puntos, podemos deducir que éste, tiene la capacidad para crear partículas (materia), así sea iniciando desde el punto cero.

5.2. Ejemplos de conversión de energía en materia y viceversa

Fue en el maravilloso laboratorio del universo primigenio donde emergió la primera Ley de la Naturaleza: La Ley de la conservación de la energía y la materia, enunciada por los científicos Lomonósov-Lavoisier, según la cual: «éstas ni se crean ni se destruyen, sino que se transforman mutuamente». Además, según Einstein: «*la energía y la materia, son sustancias de la misma naturaleza*»,

Gracias a esto, en nuestra vida diaria, a cada momento, inclusive en nuestro cuerpo y en muchos eventos de la naturaleza se presentan procesos completos de transformación de la *energía* en *materia* y viceversa. Para ello, miremos solo unos ejemplos:

- Atrás vimos que cuando estamos descansando, leyendo o viendo televisión, simplemente nos encontramos en estado de reposo, en un estado estático; pero si decidimos iniciar algún ejercicio, notaremos que a medida que aumentamos la intensidad del ejercicio, de nuestro cuerpo empezará a emanar agua (sudor), debido a que nuestras reservas energéticas, es decir nuestra energía estática y potencial, se convirtieron en **energía** cinética (acción) y ésta en sudor (**materia**), esto es, que a partir de nuestra propia *energía* creamos *materia* que no existía o, que sí existía; pero en forma de **energía**.

- Otro ejemplo es el que se presenta con nuestra digestión, proceso mediante el cual los alimentos que ingerimos (*materia*), se transforman en calorías o unidades de *energía*, como también en otras formas de energía-materia, tales como: carbohidratos, grasas, vitaminas, minerales, proteínas, enzimas, etc. todo lo cual es aprovechado por el cuerpo para su funcionamiento, su crecimiento y el mantenimiento de sus funciones vitales.

- Y qué decir del fenómeno que ocurre cuando los espermatozoides penetran en los óvulos, en cuya interacción, intercambian de manera simultánea, su materia, su energía y la información genética que cada uno tiene, para formar un cigoto y un nuevo ser vivo.

- Llama también la atención el Alcanfor, una pastilla (materia) con olor fuerte, utilizada para prevenir daños provocados por insectos, que, desaparece sin dejar rastro, aunque a lo mejor su huella energética y material, queda en el aire, en el vacío que no vemos.

La Materia, como veremos en el Capítulo III, está formada por **átomos** y éstos internamente por **partículas subatómicas** (protones y neutrones) y éstas a su vez, por **partículas elementales** (Quarks y Gluones), llamadas elementales, porque *no tienen componentes más simples*. Ellas son insignificantes en términos del espacio que ocupan y a su vez, los espacios entre ellas son considerados «vacío cuántico», al cual la física considera como un vacío energizado, ya que el vacío es sólo conceptual y representa infinitas posibilidades.

Los *átomos* están compuestos por *partículas elementales* de *materia* en proporciones casi imperceptibles y, el resto no ocupado por ella, es pura *energía*, ya que, en ellos, sólo aproximadamente el 2 %, es materia, mientras que el descomunal 98 % restante, es pura energía de enlace, dentro de los átomos. Nuestro propio cuerpo que está compuesto de átomos y moléculas, así como el Universo palpable, conservan esta misma proporción, como veremos más adelante.

Entonces esto nos lleva a definir la Física Cuántica como la ciencia de las **partículas subatómicas** y de las partículas **elementales**. Y su objetivo es pues, el estudio del comportamiento de las dimensiones mínimas de la energía y la materia, representadas en micropartículas, cuya localización puntual es casi imposible.

También sabemos que el comportamiento *individual* de cada partícula puede ser explicado por la física cuántica; pero, atención a esto: debemos tener presente que *cuando se juntan muchas o infinitas de ellas* o cuando interactúan entre ellas, adquieren propiedades diferentes, comportándose de formas inesperadas.

Es en este evento cuando se presenta la primera Ley en el laboratorio de la Naturaleza, la Ley de la conservación de la energía y la materia, según la cual: «éstas ni se crean ni se destruyen, sino que se transforman mutuamente».

Para finalizar, conozcamos en el próximo Capítulo, algo maravilloso: **«La verdadera partícula generadora de la materia o Partícula Divina»**.

CAPÍTULO II

La partícula generadora de la materia o Partícula Divina

Hipótesis 6: **El Fotón y no el Bosón de Higgs, fue la verdadera partícula generadora de la materia**

En el estado inicial del Universo se abrió paso el surgimiento de un maravilloso fenómeno: De un grupo de fotones emergió una chispa compuesta de electrones, señalando el origen tangible de la materia.

Para sustentar esta **hipótesis**, es necesario considerar que existen muchas teorías acerca del **origen de la materia**; pero de acuerdo con las investigaciones realizadas y, a los últimos hallazgos científicos, se cree que la **materia** y por extensión el Universo, han de provenir de una partícula que debe llenar muchos requisitos especiales que conoceremos en este Capítulo.

El científico León Lederman, premio Nobel de Física en 1988, explicó que el nombre de Partícula Divina o de Dios o partícula más elemental que conforma a la materia, se debe a que, sabiendo que era muy difícil probar su existencia, tituló su libro que relataba esta problemática, como The God Particle; pero parece que este nombre no fue bien visto por el Modelo Estándar y/o por Peter Higgs. Este Modelo se resignó a atribuir la denominación de **Bosón de Higgs**, a una **partícula** cuya existencia había sido hipotetizada hacía muchos años; pero que sólo se encontró en 2012, en un choque de dos partículas, protón↔protón; aunque este bosón, que es casi virtual, se produce con mayor eficiencia en la desintegración de un Neutrón.

¿Se le puede atribuir el origen de la materia, a alguna partícula en especial?

La respuesta es que la **materia** necesariamente debió originarse a partir de algún tipo de partícula especial, una de las cuales parece que fue encontrada en el año 2012, el cual podemos llamar *un año crucial para la física cuántica, para la Física aplicada y para la ciencia en general*, porque en él se hicieron dos importantes hallazgos, así:

1) Los científicos creen que encontraron una partícula que desde hacía tiempo venía buscándose; se trataba de una partícula que, de acuerdo al Modelo Estándar, llenara los requisitos para ser considerada como: la generadora de la materia, lo cual se había teorizado en 1964; pero que fue sólo hasta el año 2012, que hallaron «*la huella*» de la tan buscada partícula (cuya masa es de $\approx 125.3 \pm 0.4$ GeV/c^2)[6], a la que denominaron el ***Bosón de Higgs***, aunque el Premio Nobel se lo entregaron tanto a Peter Higgs como a otros tres científicos que participaron en la teoría.

2) El mismo año se hizo otro hallazgo todavía más importante que el anterior: Se encontró *la masa de los fotones* ($\approx 6 \times 10^{-17}$ eV/c^2)[7], algo que consideramos como un verdadero prodigio y un invaluable regalo para la física cuántica y, es que estas partículas ligeramente cargadas eléctricamente, también tienen masa, aunque cercana al cero absoluto.

Esto nos motivó para seguir investigando, no ya una sino dos partículas, que pudieron ser las generadoras de la **materia**, a saber: el **Bosón de Higgs** y el **Fotón**. Y gracias a estos conocimientos, sí es posible acercarse más a la verdad sobre el origen de la materia, así:

1. La formación del Bosón de Higgs (H°)

En el año 1964, los ilustres físicos: R. Brout, F. Engert, G.S. Guralnik, C.R. Hagen, T.W.B. Kibble y **P. Higgs**, esbozaron una teoría que no se sabe por qué terminó llamándose el Bosón de Higgs, para explicar el origen de la masa de las partículas elementales.

Según las últimas investigaciones, se cree que el **Bosón de Higgs**, sí se formó en el laboratorio de la naturaleza; pero en la primera **Estrella de Neutrones** que existió en el Universo, a partir de las reacciones de desintegración y transmutación ocurridas en los primeros **neutrones**, que eran libres y muy inestables (su vida media era de $\approx$ 15 minutos).

Pero este proceso no fue tan simple, ya que, en realidad en aquellos neutrones se presentaron reacciones tan rápidas como complejas, que facilitaron la formación de los primeros **Protones**, de los primeros mesones (piones), de los primeros **bosones de Higgs**, etc.

Para una mejor comprensión de este proceso, es necesario valerse tanto de la física cuática como de un marco ampliamente filosófico.

Efectivamente, la secuencia de las reacciones fue la siguiente:

- Primero que todo, la enorme energía generada en la desintegración de un **neutrón** (**n**) cuya masa es de ≈ 939.57 MeV/c^2, provocó que uno de sus **quarks down** (**d**) se transformara (hizo cambio de sabor o identidad) a un **quark up** (**u**), con menor masa y, con el exceso de energía acumulada, se creara un **Pentaquark** Pq$^+$ (u+**u**+d+**d**+u$^-$), cuya masa es $\approx$ de 1.540 MeV o 1.54 GeV.

- Este **Pentaquark** espontáneamente se fisionó o dividió, generando tanta energía, que se crearon: un **Protón** (p$^+$, **u+u**+d) que es más liviano que el neutrón, ya que su masa de ≈ 938.27 MeV/c^2, más (+) un **Pion** (π^-, d+u$^-$), cuya masa es $\approx$ 139.6 MeV, quedando la desintegración del neutrón así: **n** $\rightarrow$ **p$^+$** + **π^-** + energía.

- El Pion (π^-) generado en la fisión o división del Pentaquark inmediatamente se desintegró invirtiendo nuevamente tanta energía, que esto provocó que el sistema también quedara tan energizado, que fue suficiente para que se formara **un Bosón de Higgs (H°)**, cuya enorme masa es aproximadamente de 126.0 **GeV**, quedando ahora nuestro **neutrón** transformado en un **protón** (p$^+$) más un Bosón de Higgs (H°) + energía, así: **n** $\rightarrow$ **p$^+$** + **H°** + energía.

- El **Bosón** de **Higgs (H°)** *inmediatamente se desintegra* dotando de masa o mejor, generando una nueva partícula llamada bosón **W$^-$**, muy masiva ($\approx$ 80.433GeV), quedando el **neutrón** transformado en un

protón (p^+) más un **W⁻**, según la siguiente reacción: **n → p⁺ + W⁻ +** energía. Este bosón **W⁻** luego experimenta una desintegración Beta.

- En efecto, el bosón **W⁻** se desintegra transformando su energía-masa, en 2 partículas de más energía que materia: un **electrón** (**e⁻**) y un **antineutrino** electrónico ($\bar{v}e$): **W⁻ → e⁻ + $\bar{v}e$**.

Entonces, nuestro **neutrón** quedó ahora transformado en el **protón** (p^+), que ya traíamos, más un **electrón** (**e⁻**) más un **antineutrino** electrónico ($\bar{v}e$), esto es: **n → p⁺ + e⁻ + $\bar{v}e$**.

Pero el **neutrino** ($\bar{v}e$) viaja al espacio, terminando entonces la transmutación de nuestro **neutrón** en un **protón** más un **electrón**, así: **n → p⁺ + e⁻**.

Por ello, se considera que la desintegración y transmutación de los **neutrones** libres, pudo producir entre otras partículas: protones (**p⁺**) + **Bosones de Higgs** y éstos decayeron en electrones (**e⁻**). Al final, los (**p⁺**) y los (**e⁻**) se atrajeron entre sí, tal como: (**p⁺ ↔ e⁻**).

¡Pero ¿qué más es (p⁺ ↔ e⁻)? ¡Por todos los dioses, es nada más y nada menos que la configuración del átomo de Hidrógeno ($_1H$)!

¡Aplausos para los descubridores de los neutrones, los protones, los electrones, los piones, los Higgs, los W, etc.!

Por lo tanto, los primeros bosones de Higgs nunca fueron partículas libres, sino que, de existir, se produjeron dentro de la Primera Estrella de Neutrones, que existió en el Universo primigenio, por desintegración y transmutación de los **neutrones**.

De hecho, se puede conocer cómo el bosón de Higgs parece ser sólo una construcción de la física-matemática del Modelo Estándar y no una **partícula**, ya que por tener (eje) espín cero, carece de momento magnético. Sin embargo, ahora parece que le encontraron el Modo Axial a dicho bosón y de paso le asignaron momento magnético.

Entonces la teoría del Bosón de Higgs no parece ser válida para explicar el Origen de la **Materia**, ya que como veremos luego, *no es la causa* sino *el efecto* de muchos eventos y procesos anteriores a él.

Veamos entonces, ¿a quién engaña el Modelo Estándar?

1.1. El Bosón de Higgs ($H°$) *no dio origen a la materia*

Basados en las últimas investigaciones y hallazgos científicos, lo que viene, arroja muchas luces, respecto a las razones por las cuales el Bosón de Higgs ($H°$), no dio origen a la materia. Entre ellas tenemos:

a. Empecemos haciéndole al Modelo Estándar una pregunta de sentido común: ¿Dónde estaba el **Bosón de Higgs ($H°$)** en el momento del *Big Bang*? incluso: ¿Dónde estaba el **Bosón de Higgs**, con su descomunal y volátil masa de 125,3 ± 0,4 GeV, en el momento de la primera ruptura de Simetría o primera Singularidad, fenómeno natural por el cual se generó el Big Bang y tuvo origen la **materia**?

b. Esta teoría afirma que «la Materia proviene de una partícula, que dota de masa (materia) a las partículas elementales, que tengan masa en reposo **no nula**». Esto contradice la propia teoría, ya que, si éstas ya tienen masa expresa, ¿para qué necesitan que algo externo a ellas, las dote de masa? De hecho, las explicaciones con las que sustentan esta teoría, indican que no las *dota*, sino que *ya la tenían.*

Quiere decir, que las partículas o campos, con las que parece que él interactúa (**los bosones W$^\pm$ y Z**), sí adquieren masa, mientras que las partículas que no interactúan con él, no la adquieren. De hecho, estas dos partículas que son generadas por este bosón, no alcanzan a interactuar con él, dada su vida tan volátil de $\approx 1.56 \times 10^{-22}$ segundos. Además, se cree que fue precisamente este bosón (H^o), el que adquirió masa de **126.0** GeV, desde un Pion, en un proceso de desintegración y transmutación de un **neutrón** en un **protón** y otras partículas.

c. La descomunal masa del **Bosón Higgs (H^o)** de ≈ 126.0 GeV/c^2 y de los bosones W$^\pm$ de ≈ 80.43 GeV/c^2, echa por tierra la afirmación de que ellos son los generadores de la **materia**, ya que, de hecho, ellos terminan es generando **energía**: electrones (e$^-$) y neutrinos (v^-e) y, no **materia**, tal como: **H^o $\rightarrow$ W$^-$ $\rightarrow$ e$^-$ + v^-e**.

d. Los físicos del Modelo Estándar, seguramente buscando ajustes de alta precisión de energía y materia, en una de sus construcciones de física matemática, es decir buscando un término de masa que equilibrara alguna ecuación, en un choque de alta energía **protón-protón**, encontraron los rastros de los **bosones de Higgs (H^o) y W$^\pm$**.

Estos rastros, seguramente venían de la desintegración beta de los **neutrones** que componían la primera *Estrella de Neutrones*, formada un poco después del Big Bang, generando además a los protones. Los científicos dedicados a esta búsqueda, los hubieran encontrado más rápido con la desintegración de **neutrones** que con **protones**.

e. La frase: «*que impregna todo el espacio*», debió ser copiada de alguna teoría fotónica, ya que los **fotones**, sí impregnan y conectan todo el vacío cuántico o **Fondo Cósmico Fotónico**. La explicación está en que, para que las partículas impregnen y conecten todo el vacío cuántico, deben tener movimiento de rotación sobre su eje o espín =1, para que les proporcione magnetismo; también deben tener energía-masa cercana al cero absoluto, que las haga transparentes; además, deben tener **vida estable** (que nunca se desintegren) y, otros requisitos que solo cumplen los **fotones**, más no el **bosón de Higgs**.

f. En el Sol, en todas las estrellas (incluidas las de neutrones), se están generando permanentemente los **bosones de Higgs (H^o) y $W^{\pm}$**, a partir de desintegraciones de **neutrones** y de núcleos atómicos.

g. Como veremos más adelante, los **bosones de Higgs H^o y $W^{\pm}$**, desaparecen en el mismo proceso en el que aparecen, ya que pareciera que la función de estos bosones no es generar **materia**, pues **ésta ya existía**, sino facilitar la transformación de **quarks *d*** en **quarks *u***; es decir, ayudar a transformar unas partículas de materia en otras también de materia y finalmente en partículas de energía: electrones (e^-) y neutrinos ($\bar{v}e$). Por tanto, *no podemos encontrarlos libres*, sino ligados en reacciones de conversión de partículas.

h. Inclusive muchos científicos han observado que la masa de los **bosones $W^{\pm}$**, no es generada por el **Bosón de Higgs (H^o)**, sino que es transferida a ellos desde una partícula de **materia**, un **pion $\pi^{\pm}$**, que se convierte en un $W^{\pm}$. Es más, argumentan que el propio **Bosón de Higgs (H^o)**, es uno de los productos resultantes, de la transformación de parte de la energía generada cuando un **quark** cambia de sabor o identidad: d $\to$ u, y de los **gluones** participantes.

i. Según dice el físico y filósofo Max Jammer, «si un proceso 'genera' masa, puede esperarse razonablemente que también proporcione información sobre la naturaleza de lo que 'genera'; pero en el mecanismo de Higgs, la masa no es 'generada' en la partícula por una milagrosa Creación ex nihilo» ... y «ni el mecanismo de Higgs ni sus elaboraciones... contribuyen a nuestra comprensión de la naturaleza de la masa».

j. Cualquiera esperaría que una partícula con una gigantesca masa de 125.3 ± 0.4 **GeV/c^2**, necesariamente tuviera algún tipo de carga eléctrica como la tiene el **electrón** (e$^-$), que con una masa tan diminuta aproximada a 0.511 **MeV/c^2**, tiene carga eléctrica elemental negativa o el **Protón** (p$^+$) que con masa tan pequeña como de $\approx 938,27$ **MeVc^2**, tiene carga eléctrica elemental positiva.

k. Ahora, un equipo de científicos ha descubierto una nueva partícula parecida a una simetría o Modo Axial de Higgs, a la cual asocian como un «pariente magnético» del Bosón de Higgs. Pero esto nos confirma que este bosón es sólo una construcción de la física-matemática del modelo Estándar y que insistir en el manejo de esta teoría, tal como está presentada, afecta negativamente a la ciencia.

l. La teoría de Higgs sugiere que es: «*un campo, que impregna todo el espacio*»; pero como «*todo el espacio*» es «*el conjunto de todos los campos*», se requeriría que «*todo el espacio*» fuera como un *Fondo Cósmico Fotónico*, formado por **fotones** o campos electromagnéticos, con energía-masa tan diminutas como cercanas al cero absoluto. Sí, como una radiación en sus diversos grados de energía, un *Éter no necesariamente lumínico*, impregnado y conectado por *algo*.

m. Se considera además, que el Bosón de Higgs, por tener espín cero, no pareciera ser una **partícula** como tal, sino una construcción fisicomatemática del Modelo Estándar.

¡Qué coraje el del Modelo Estándar, querer explicar el origen de la materia a partir de la propia materia! *¡Es como querer demostrar que Dios existe porque fue creado por Dios!*

Para fortuna de la Física, la científica española María José Costa Mezquita fue elegida presidenta del Consejo de la Colaboración del experimento ATLAS, uno de los dos grandes detectores del LHC. Y en una entrevista publicada por www.elconfidencial.com, se destaca lo siguiente: «*El Bosón de Higgs sigue siendo un gran misterio, quedan cuestiones por entender, por ejemplo, si es verdaderamente una partícula elemental o si es compuesta, qué es lo que genera la masa del propio Higgs, como interacciona con él mismo o cómo apareció este campo de Higgs tan importante para nuestra existencia en los primeros instantes del universo. Estudiar y medir sus propiedades puede estar ligado con otros grandes misterios, como por qué vivimos en un universo sin antimateria, si en el Big Bang se creó la misma cantidad de materia que de antimateria, ...*»

Por su parte León Lederman en su libro «**La Partícula Divina**», publicado en 1996, sugirió que ésta, podría ser el **electrón**. Casi acierta, porque existe algo más pequeño y de la misma familia, el **Fotón**, que al incrementar su energía-masa, se convierte en un electrón. *¡Lederman estuvo a punto de encontrarla antes que el Modelo Estándar!*, el cual todavía no la había encontrado.

2. El Fotón, la verdadera partícula generadora de la materia o Partícula Divina

(A la Luz de un enfoque científico y filosófico)

Hace más de un siglo, los físicos Max Planck y Albert Einstein, consideraron que la luz estaba dividida o porcionada en *partículas* tan diminutas, que las denominaron «cuantos de energía», algo así como las unidades más pequeñas que constituyen la luz, a las cuales, a su vez, llamaron **fotones** o «partículas de luz». Además, en 1924, el físico Luis Víctor de Broglie, basado en los trabajos de estos físicos, publicó su obra sobre: «la Dualidad onda-corpúsculo».

De acuerdo a esto, ellos descubrieron que los *fotones* son partículas y como tales poseen **materia** así sea mínima o cercana al cero absoluto. Pero ellos no los consideraron partículas con energía-masa, porque: 1) no podían verlas; 2) no contaban con los instrumentos necesarios para su manipulación y aplicaciones, como los tenemos hoy y, 3) no estaban en los propósitos de sus investigaciones.

Lo anterior significa que estos genios provistos de mentes iluminadas, descubrieron sin saberlo la ***verdadera partícula generadora de la materia*** (el **Fotón**); pero como esta búsqueda no hacía parte de sus planes, pasó inadvertida hasta casi un siglo después.

Si los promotores del Modelo Estándar le hubieran dado otro manejo e interpretación a esta partícula, la descripción de la Evolución de la Energía y la Materia, habría sido diferente y hubieran encontrado de una vez la partícula generadora de la **materia**.

Ahora bien, enfocándonos en la Física aplicada en un *contexto científico y filosófico*, si la idea es que tiene que existir *una partícula tal*, que dotó de masa a todas las partículas elementales, entonces ella debe llenar, los requisitos, las características, las propiedades y usos esbozados en el cuadro adjunto de este Capítulo, tales como:

1) Que en su estado natural o de reposo tengan energía-masa tan diminutas como de punto cero, para que las haga transparentes.

2) Que aunque su energía-masa en estado de reposo sean de punto cero, puedan transformarse en partículas de verdadera materia (Electrones) y si es el caso, regresar a su estado de reposo.

3) Que tengan vida estable, esto es, que nunca desaparezcan, para que garanticen *la conservación de la energía y la materia*.

4) Que tengan eje o espín = 1 para que les proporcione el magnetismo que las mantenga *conectadas*, para que conformen un **medio** que soporte los campos eléctricos y magnéticos y, se pueda propagar la luz, el sonido, Wifi, G5, las microondas, etc.

5) Que puedan ser utilizadas para más cosas que sólo generar materia, tales como la teleportación *cuántica* o capacidad de transferir a cualquier distancia, información (datos, sonido, imágenes, etc.), usando partículas cuánticas entrelazadas (fotones).

2.1. Los Fotones y el Éter

El premio Nobel de física 1988, León Lederman, autor entre muchos escritos, del libro: «La Partícula Divina», o «Partícula de Dios», en el cual, en la página 151 describe: «*...y hoy creemos que en una versión nueva del **éter** (en realidad el vacío de Demócrito y Anaximandro) es donde se esconde la Partícula Divina....*»

Antiguamente, muy acertadamente, se consideraba que el **Éter** era como una sustancia transparente, un firmamento o un hipotético fluido transparente, que llenaba el espacio y constituía el medio para la propagación de la luz y de todas las manifestaciones de la energía.

Hemos de saber que algo parecido al **Éter**, fue lo que concibió el filósofo griego Anaxímenes, quien declaró que: «*el origen de las cosas existentes era el **aire**, porque de él proceden todas las cosas y en él se diluyen de nuevo*. También afirmó que: «*el **aire** es exactamente igual que nuestra alma que nos mantiene unidos y, que ella y el aire rodean todo el cosmos. También postuló que el aire es infinito, pero las cosas que de él nacen, son finitas...*».

Los pensadores de la Edad media, utilizando su sentido común, consideraron que debería existir un hipotético Quinto elemento de la materia, al que denominaron **Quintaesencia o Éter**, que era un elemento de la naturaleza, junto a los otros 4 elementos clásicos: tierra, agua, fuego y aire. *Ellos no estaban equivocados ya que dicha Quintaesencia o éter, es la misma* **Energía Oscura** *conformada por fotones, en medio de la cual flota el Universo material.*

Por su parte, Newton (1642 - 1727) sostenía que: «el espacio tenía características sustanciales, el **Éter**, que es algo similar a un atributo, a una sustancia, a una propiedad, de hecho, a una propiedad de Dios». Él después descartó su teoría, aduciendo que: «el éter tendría que transmitir fuerzas sin estorbar el movimiento de los cuerpos celestes».

Él quiso decir, que se requería de la existencia de un **medio** conformado y conectado por partículas, un **medio** en el que se pueda transmitir la fuerza de la Gravedad y otros fenómenos del mundo real y de la experiencia cotidiana, tales como la propagación de la luz, del sonido, etc. Ahora creemos que dicho **medio** ha de ser un Éter no necesariamente lumínico, un **Fondo Cósmico Fotónico**, y que tales partículas son los **fotones**.

Es decir que, si Newton hubiera conocido la existencia de los fotones, con sus propiedades entre ellas, el electromagnetismo, seguramente habría profundizado más sobre el éter y habría optado por considerarlo como un **Fondo Cósmico Fotónico**, el cual sí satisface sus exigencias y su *Ley de la Gravitación Universal*.

Igualmente, Leibniz (1646 -1716), quien postuló una concepción del **espacio** como: «*un continuo de puntos con fuerza asociada no solo a partículas de tamaño finito…*». Esta idea fue confirmada por Einstein (1879 - 1955), quien afirmó que: «*la verdadera sustancia que impregna todo el infinito espacio, sólo se podría encontrar en un continuo infinito de puntos individuales que aparentemente, no ocuparían lugares determinados en el firmamento*».

Estas afirmaciones de Leibniz y Einstein echan por tierra, la teoría del Modelo Estándar cuando afirma que: 1) «*el espacio entero contiene un campo, el campo de Higgs*», que tiene tanta materia, $125,3 \pm 0,4$ GeV, que *sí ocuparía lugares determinados en el firmamento* y 2) que «… las **partículas**, *influidas por este campo, toman masa*». Viene de nuevo la pregunta: ¿para qué dota de masa a *partículas ya existentes*?

En su momento James Clerk Maxwell (1831-1879) autor de invaluables trabajos sobre electromagnetismo, tomó la idea del **Éter** como medio para que se propagasen sus ondas electromagnéticas. En esta idea estuvo apoyado por Heinrich Hertz (1857-1894), descubridor de la propagación de las ondas electromagnéticas y del **Efecto Fotoeléctrico** (parece que copiado por Einstein, con el cual éste ganó el premio Nobel en 1921).

Maxwell predijo que: «*las fuerzas* (energía) *en forma de campos* (partículas), *se propagaban por el espacio a una velocidad finita, la de la luz*» y le parecía que se necesitaba un *medio* que soportase los campos eléctricos y magnéticos, así que adoptó la idea de un «*éter que lo impregnaba todo y donde vibraban estos campos*». Hoy creemos que estos *campos*, son los **fotones** que impregnan y conectan todo y, que el *medio* que soporta estos *campos* ha de ser un *Éter no necesariamente lumínico*, a manera de un **Fondo Cósmico Fotónico**.

Pero hubo un hecho crucial que contribuyó a sepultar la idea de la existencia del **Éter**, se trata del experimento realizado por Michelson-Morley, realizado en 1887, quienes querían demostrar la existencia de este medio hipotético a partir de las diferencias entre la velocidad de la luz al viajar en diferentes **direcciones**. El experimento consistió en medir la velocidad relativa a la que se mueve la Tierra con respecto a la posición del Sol, esto es, con respecto a un Éter luminífero estacionario, la hipotética sustancia que impregna el espacio, el medio en el que se suponía que viajase la luz. Ellos consideraban que el movimiento de la Tierra respecto a la luz, provocaría un efecto que denominaron: «viento del éter».

Este experimento no produjo los resultados esperados, concluyendo que el éter carecía de propiedades medibles (no conocían los **fotones**) y como el resultado tampoco podía ser explicado por las teorías vigentes, entonces, la hipótesis del **Éter** era insostenible. Con la influencia de Einstein y otros pensadores, se abandonó la idea del Éter. Pero este valioso experimento condujo a los siguientes hechos:

a. Los resultados del experimento demostraron que no hay diferencia entre la velocidad de la luz al viajar en diferentes **direcciones** y que la velocidad de la luz es constante.

b. Este experimento facilitó a Albert Einstein gran información para la elaboración de la Teoría de la Relatividad (1905 y 1915), cuyas bases ya habían sido formuladas por Hendrik Lorentz (1853 - 1928), Henri Poincaré (1854 - 1912) y James Clerk Maxuell (1831-1879).

c. No se sabe si en este experimento se tuvo en cuenta la curvatura que sufre un rayo de luz al pasar por la Tierra, provocada por la gravedad de ésta, atrayendo levemente a los **fotones de luz** con su Energía (carga eléctrica) de 3×10^{-33} y su masa de $\approx 10^{-2}$ eV/c^2.

d. Negar la existencia de esta sustancia llamada **Éter**, fue una decisión prematura, ya que se basó solamente en medir la velocidad de la luz al viajar en diferentes **direcciones**, sin tener en cuenta que además, las *ondas electromagnéticas* transfieren la energía en distintos grados de modo continuo, tanto a manera de Luz, como en forma de sonido, de Wifi, de G5, de infrarrojo, etc.

Y esto lo hacen a través de un **medio**, esto es, del firmamento impregnado por una sustancia que ellos denominaron Éter y que hoy podríamos llamar **Fondo Cósmico Fotónico**, dado que estos **medios** son como una especie de *espuma cuántica*, impregnada de **fotones** que los mantienen *conectados*, permitiendo que se pueda transmitir la fuerza de la Gravedad e inclusive, la *Teleportación cuántica* o capacidad de transferir información (datos, sonido, imágenes, etc.), usando partículas cuánticas entrelazadas (**fotones**).

La existencia de un **Éter** (**no sólo luminífero**), así como del aire, es algo casi que de simple sentido común; pero como los experimentos y teorías se basaron fue en un **éter luminífero**, fueron rechazados y sepultados por Einstein, quien sólo quería implantar las teorías de la relatividad y del efecto fotoeléctrico, muy importantes, por cierto. Pero, ojo, recordemos que Einstein trabajó desde 1902 hasta 1909 en Suiza en la **oficina de patentes**, donde tuvo toda la oportunidad de escoger, adoptar y defender sólo las teorías que lo beneficiaban.

Por su parte, Robert B. Laughlin, Premio Nobel de Física en 1998, catedrático de física de la Universidad de Stanford, dijo esto sobre el **éter** en la física teórica contemporánea: «... *El concepto moderno del vacío del espacio, confirmado cada día por el experimento, es un éter relativista. Pero no lo llamamos así porque es tabú*»[10]

Gracias a los últimos hallazgos científicos, podemos considerar que, *la nueva versión del Éter ha de ser un* **Fondo Cósmico Fotónico**.

Teniendo ya la suficiente teoría y haciendo uso de la Física aplicada en un contexto filosófico respecto a las propiedades, características y usos de los **fotones** y del **Bosón de Higgs** y, con la ayuda del siguiente cuadro, podemos conocer ahora que:

2.2. El Fotón, es la Partícula sustentable para ser *la generadora de la materia*, algo así como la verdadera «*Partícula Divina*».

Cuadro comparativo de los **fotones** y los **bosones de Higgs**

Características, propiedades y usos	Bosón Fotón (γ)	Bosón de Higgs (H^o)	Partícula sustentable para ser la generadora de materia
Generación a la cual pertenece →	Primera generación y en estado libre	Generación posterior	Fotón
Carga Eléctrica	De punto cero, o 5×10^{-52} C	cero	Las Dos
Posibilidad de atraparlos en el vacío y almacenarlos	Sí	No	Fotón
Posibilidad de utilizarlos en operaciones cuánticas, lógicas digitales y en funciones biológicas (ARN, ADN, etc.)	Sí	No	Fotón
Posibilidad de utilizarlos para teleportación, para enlazar átomos, etc.	Sí	No	Fotón
Masa o cantidad de materia	De punto cero $\approx 6 \times 10^{-17}$ eV/c^2	125.3 ± 0.4 GeV/c^2 Inmensa	Fotón

EL FOTÓN: LA PARTÍCULA QUE DIO ORIGEN A LA MATERIA

Espín	1	0	Fotón
Momento magnético	Si tiene	No, por su espín cero	Fotón
Vida Media	Estable (nunca se desintegra)	Desaparece a los 1.56×10^{-22} segundos	Fotón
Posibilidad de acumular energía estática y electrostática	Si	No	Fotón
Partículas que genera	Electrones (**Materia**), Muones, etc.	Bosones $W^{\pm}$ y Z, Muones	Ambos
Presencia Cósmica	En las partículas de Luz, sonido, G5, microondas, rayos X, Wifi, etc.	No se conoce	Fotón
Vida media de las partículas que genera	Estable: no se desintegran	se desintegran en 10^{-25}s	Fotón
Que su energía-masa pueda crecer y decrecer en gradiente	Sí	no	Fotón
Interacción	Con todas las fuerzas de la naturaleza	Sólo con la interacción Débil	Fotón
Estado en la naturaleza	Son partículas o campos electro-magnéticos	Ninguno: tan pronto aparece, igual desaparece	Fotón
Abundancia en la naturaleza. En la infinita radiación	En la Luz, en la Energía Oscura, en la Materia Oscura, en la **materia real**,	Solamente se presentan cuando se desintegran los neutrones libres,	Fotón

cósmica:	en forma de **electrones**, o sea: En todas partes	formando a estos bosones	
Proceso en el cual se genera	Ninguno, porque es de primera generación	En la Interacción Débil por conversión de Neutrones en Protones y viceversa	Fotón

Nuevamente, aplicando el simple sentido común, cabe la pregunta: ¿Podrá el Modelo Estándar continuar asegurando que la partícula generadora de la materia ha de estar casi que virtualmente dentro de la propia materia, en los Protones, en los cuales la han buscado?

Otras razones por las cuales el *fotón* debería considerarse como la verdadera partícula generadora de la **materia** (los *electrones* y mediante éstos, **los quarks**), es que además de lo anterior, ya existen mecanismos y modelos capaces de almacenar y controlar los fotones, en operaciones lógicas digitales, reemplazando los dispositivos electrónicos (que utilizan electrones, esto es *fotones gamma*), por la tecnología *fotónica* (partículas de luz), etc. Esto se aprecia también en los experimentos de entrelazamiento cuántico, Teleportación y otros avances que se están realizando en los principales laboratorios de física del mundo.

También se está utilizando la *manipulación fotónica* mediante el uso de trampas y pinzas ópticas para estudiar las propiedades físicas, químicas y funcionales de micromoléculas biológicas, de las células e inclusive del ADN, del ARN, de las proteínas, etc., etc.

2.3. Escenario existente en el Universo antes del Big Bang

Antes del Big Bang y su consiguiente inflación cósmica, el Universo primigenio estaba formado casi por completo por **Energía fotónica u Oscura**, como también por algunas partículas virtuales, tales como quarks y gluones, así:

1. Existía un vacío cuántico o Fondo Cósmico, conformado por una sustancia que según Einstein: «sólo se podría encontrar en un continuo infinito de puntos individuales que, no ocuparían lugares determinados en el firmamento aparentemente vacío». Hoy sabemos que ese continuo infinito de puntos, es el que podría denominarse: «Fondo Cósmico Fotónico» o Éter no lumínico.

2. La existencia de *la energía del vacío*, que en física también se denomina: «flujo de partículas virtuales» o «vibración del punto cero», que en realidad es la misma **Energía Oscura** o energía del estado vibracional que regía en el Universo antes del Big Bang y que rige hoy en el espacio que vemos como vacío, conformado por la **Materia Oscura** y la infinita **Energía Oscura**, en medio de la cual flotan algunas partículas virtuales, que tan pronto aparecen también desaparecen (seguramente quarks).

3. Los dos anteriores escenarios nos llevan a considerar que el vacío aparente, ha de estar impregnado entre otras partículas, por fotones, con energía-masa en reposo cercana al cero absoluto, algo así como 6 x 10^{-17}eV, que los haga transparentes; además, deben tener vida estable, eso es, que nunca desaparezcan, para que garanticen *la conservación de la energía y la materia*.

2.4. Procesos de los que se valió la naturaleza para generar la Materia

Veamos entonces, a la luz de los últimos hallazgos científicos, los simples, aunque maravillosos mecanismos y procesos de los que se valió la naturaleza, en su especial laboratorio, para que una partícula como el **Fotón**, con energía-masa cercana al cero absoluto, pudiera ser la generadora de la **Materia** y con ella **el Origen de todo**, así:

1. Tomemos como punto de partida, un momento cero anterior al Big Bang, cuando en alguna región del firmamento, un grupo de **fotones**, de los que componían la **Energía Oscura**, con su energía-masa cercana al cero absoluto, pudo generar la **Materia**, gracias a:

1.a. La existencia de *una pequeñísima asimetría*, entre la energía-masa de esos fotones y sus antipartículas los antifotones, provocando pequeños choque o colisiones elásticas.

1.b. Al electromagnetismo también cercano al cero absoluto, que les confiere su permanente movimiento de rotación sobre sus ejes (espines), facilitando además un leve roce o fricción entre ellos; pero que fue suficiente para empezar a acumular gradualmente, **energía estática** a partir del punto cero.

2. Esto provocó una **Ruptura de la Simetría** existente en aquel lugar, comenzando a formarse una especie de *nube de fotones* con diferentes grados de energía, los cuales se iban energizando cada vez más, hasta que tal concentración energética alcanzó su nivel crítico.

3. Y esto generó una *descarga electrostática*, a manera de una **gran explosión (Big Bang)**, en forma de una inmensa **Chispa (*Luz*)**,

4. En un contexto científico y filosófico y, en una relación *causa-efecto*, nos preguntamos: ¿De qué está compuesta la **Luz**, sino de *electrones*? ...Y, ¿Qué son los **electrones**, sino *fotones* convertidos en *Materia?*

5. Entonces, aquella *gran explosión*, aquella inmensa *Chispa*, compuesta por infinitos **electrones**, ahora con energía-masa más definida de 0.511MeV, esto es partículas de Materia, **sí fue: «el Verdadero Big Bang»**, pudiéndose concluir que: ¡*Éste fue un efecto y no una causa!*

6. De la energía-masa fotónica **había emergido la Luz** y el Universo Primigenio pasó de estar formado 100% de **Energía Oscura**, a componerse también de **Materia Oscura** y de **Materia visible**.

¡Así, se formó la Materia y se *propició*: el Origen de todo!

7. Acto seguido, aquella inmensa Chispa con su abundante energía y sus descargas eléctricas, facilitó que muchas *partículas virtuales* que estaban a su alrededor, adquirieran la energía necesaria para convertirse en *partículas reales*, siendo éstas, los **quarks**; quedando ahora el Universo primigenio con **dos partículas de materia**: los *electrones* y los *quarks*, los cuales, con otras partículas de energía, los gluones, se integraron a la Chispa.

8. Y como sabemos que, en cualquier sistema, formación o cuerpo masivo, casi toda la materia que lo constituye es atraída hacia el centro del sistema, por su fuerza gravitatoria; además, la ínfima polaridad existente en aquel medio, hizo posible que aquella enorme **Chispa** compuesta de *electrones*, *quarks* y gluones, empezara a girar sobre sí

misma a tanta velocidad que se transformó en una *bola de fuego* o *Burbuja Plasmática* o *esfera de gas hirviente* como lo es el Sol. Dicha *bola de fuego*, luego de muchos procesos y fenómenos se transformó en el primer solecito o primera Estrella flotando solitaria iluminando el infinito firmamento conformado por la *Energía Oscura* primigenia.

Es importante tener en cuenta que la polarización del vacío, también se conoce como la ***auto energía de los fotones***. Esta polarización se observó experimentalmente en 1997, en el acelerador de partículas TRISTÁN de Japón.

Y aquel Micro mundo, continuó con una cascada de eventos que han conducido hasta el Universo actual.

9. Sabemos que durante los procesos físicos y/o químicos de transformación de energía en materia y viceversa, la naturaleza, cumple sus propias leyes, esto es que: *la energía y la materia no se crean ni se destruyen, sino que simplemente, se transforman.* Y algo muy importante es que, los quarks generaron los neutrones y los protones, que unidos a los electrones, forman los átomos.

2.5. Nuevamente: ¿La verdadera Partícula Divina ha de ser el *Fotón?*

Todo lo anterior nos lleva a concluir que, la verdadera Partícula Divina ha de ser el **Fotón**, ya que además de cumplir con los requisitos necesarios para generar la Materia (electrones), la encontramos en todas partes, conformando una sustancia o medio en el cual flotan todos los cuerpos celestes, permitiendo además, la Fuerza de la Gravedad o Gravitación Universal. Igualmente, la encontramos impregnando y conectando todo el infinito firmamento, incluida la Materia Oscura y la Energía Oscura.

Hablando de *Materia Oscura* y *Energía Oscura*, analicemos entonces los **fotones** que impregnan y conectan la Radiación del Universo total o Fondo Cósmico del Universo y hagámoslo desde un hipotético centro, el del Universo Material o *Fondo Cósmico Óptico*, que tiene que ser esférico porque surgió de una gran explosión, que curvó el espacio-tiempo para siempre en todas las direcciones. Entonces, este Universo material es como una esfera abierta, flotando en medio de la *Materia Oscura* y de la *Energía Oscura*, las cuales no alcanzan a ejercer ninguna presión que tienda a acelerar la *Expansión del Universo*.

En este Capítulo voy a insistir en la importancia de conocer la clasificación, distribución y energía-masa de los fotones que conforman la Radiación del Universo.

2.6. Los Fotones y La Radiación del Universo

La Radiación del Universo puede describirse así:

1. Los fotones que se encuentran en el **Fondo Cósmico Óptico** o centro hipotético del Universo, en el cual vivimos y constituye algo así como sólo el 5 % de la materia; en este Fondo se encuentran:

a) Los **Fotones de Luz**, los cuales tienen una energía o carga eléctrica aproximada a 3×10^{-33} C y masa $\approx$ a 10^{-2} eV/c^2; ellos emiten el mayor grado de energía electromagnética. Ellos nos permiten ver con nuestros ojos o con sofisticados instrumentos, el Sol, la luna y las estrellas cercanas, las nubes y todo lo que nos rodea.

b) Los Fotones del Infrarrojo, con energía aproximada a 5×10^{-37} C y masa o cantidad de materia $\approx$ a 10^{-3} eV/c^2.

c) Los Fotones de Microondas, con energía aproximada a 6×10^{-39} C y masa $\approx$ a 10^{-5} eV/c^2.

d) Los Fotones del Sonido, de Wifi, de G5, con energía aproximada a 3×10^{-42} C y masa $\approx$ a 10^{-9} eV/c^2.

2. Alrededor del Fondo Cósmico Óptico, están los **fotones casi en estado de reposo**, que componen la *Materia Oscura*, la cual constituye algo así como el 23 % de la energía-masa del Universo. Cuando están en este estado, tienen una energía $\approx$ a 5×10^{-52} C (cercana al cero absoluto) y masa $\approx$ a 6×10^{-17} eV/c^2. Sólo los que están alrededor del Fondo Óptico, emiten algún grado de energía electromagnética.

Los científicos están tratando de comparar los **fotones de la Energía Oscura**, con otras partículas denominadas **Axiones,** que también tienen energía-masa de punto cero y, cumplen con la simetría CP (carga-paridad).

3. Alrededor de la Materia Oscura, en la parte más lejana de la abierta esfera celeste, se encuentra la *Energía Oscura*, conformada por **fotones** en estado de reposo, con energía-masa cercana al cero absoluto, por lo que sólo emiten el mínimo grado de energía electromagnética necesario para mantenerse conectados en el vacío

cuántico. La **Energía Oscura** es la más abundante ya que constituye un 72 % de la energía-masa del Universo total.

¡Mucho ojo!: La Energía Oscura y la Materia Oscura también se presentan en las regiones donde no alcanza a llegar la luz de las estrellas, tal como en la noche cuando carecemos de la luz solar y del reflejo de la Luna, que aunque los fotones permanecen casi que en estado de reposo, las tinieblas nos rodean por doquier.

Un desafío a la teoría de la Relatividad General de Einstein

Los porcentajes enunciados, varían con la *permanente* **Expansión del Universo**, el fenómeno que se ha convertido en uno de los mayores misterios para los astrofísicos, constituyendo *un desafío a la teoría de la Relatividad General* de Einstein, porque como vimos atrás, se desconoce la dinámica del Universo y, las mediciones que se ha venido utilizando no son de alta precisión y parecen ser erróneas. Además, ahora se sabe que la gravedad a escala cósmica no funciona como lo postuló Einstein y los cálculos sólo serían válidos a una escala local, como por ejemplo, en la galaxia y el sistema solar, donde nos encontramos.

La permanente ***Expansión y reacomodación del Universo***, es provocada por el continuo empujón energético que producen las estrellas, cuando al cumplir su ciclo, explotan lanzando su contenido en todas las direcciones, formando nuevos cuerpos celestes, que se abren paso creando olas u ondas gravitatorias, que amplían la curvatura del espacio-tiempo y que influyen y presionan primero en el Fondo de Infrarrojo que es donde termina el Fondo Óptico o Universo Material, el cual queda ampliado.

Además, la nueva *velocidad* de las ondas gravitatorias que llegan ya debilitadas del Fondo de Infrarrojo, disminuye aún más hasta desaparecer en el Fondo de la *Materia Oscura*. Por ello, es poco probable que tales ondas lleguen hasta el fondo de *Energía Oscura* y, por tanto, *ésta no influye sobre la expansión del Universo*.

Entonces, **son falsas** las afirmaciones de algunos científicos, en el sentido de que la **Energía Oscura**, ejerce una presión que tiende a acelerar la **Expansión del Universo**?

Sabemos que la *Energía Oscura* y la *Materia Oscura*, no es que estén compuestas por partículas oscuras. Lo que ocurre es que como son tan infinitas, crean un fondo también tan infinito que, por no ser luminífero, lo vemos oscuro, pero la verdad es que ellas son transparentes porque están conformadas por fotones en estado de reposo con energía-masa tan diminuta, que los hace transparentes.

Tal como el mar que mirado desde el aire, se ve oscuro porque está formado de infinitas gotas de agua transparentes. Igual sucede cuando se va a desatar una tormenta que las nubes y el cielo se oscurecen por la concentración de gotas de agua.

Todas las imágenes que percibimos, los sonidos, la luz y muchos otros fenómenos, es porque los *fotones* siempre están en todas partes a manera de un Fondo Cósmico Fotónico, un *Éter* no necesariamente lumínico o firmamento infinito impregnado y conectado por ellos. ¡No podemos verlos; pero tampoco podemos negarlos! Así como un ciego no puede apreciar la luz ni los colores ni las personas ni la belleza de la naturaleza; pero tampoco puede negarlos, ya que, aunque los niegue, estos existen y constituyen una realidad objetiva.

Finalmente, existe una enorme emisión de energía en forma de **Neutrinos**, que se producen continuamente en las estrellas como el Sol y, sólo una pequeña parte se transforma en luz y en energía cinética. Ellos están en el firmamento y en la materia real y, se cree que pueden encontrarse en la **Materia** y en la **Energía Oscuras**.

Gracias pues a las cualidades y atributos de los **fotones**, se deduce que, fue posible que, desde su propia *energía-masa*, emergieran los **electrones «las primeras partículas de Materia»** del Universo.

CAPÍTULO III

Continua la evolución de la Energía y la Materia

Hipótesis 7: **Otras manifestaciones de la evolución de la Energía y la Materia**

Aprovechemos la Física aplicada y la investigación científica, para conocer otras manifestaciones de la evolución de la Energía y la Materia y para sustentar la *hipótesis*, acerca del **Neutrón**, *la partícula por la cual se formaron los **átomos***.

La reunión para tratar algunos de los siguientes temas, se realizó en la Universidad y fue tanto el entusiasmo por conocer la evolución de la Energía y la Materia, que se sumaron otros amigos.

Para empezar, recordemos algo visto con anterioridad, en el sentido de que en alguna región del infinito firmamento, gracias a la energización de un grupo de **fotones**, se presentó una *gran explosión* (Big Bang) a manera de una inmensa *Chispa* **(electrones, Materia)**, cuya enorme energía facilitó a las *partículas* **virtuales** que estaban a su alrededor, que pudieran convertirse en *partículas* **reales,** siendo éstas: los **quarks** y los **gluones**, los cuales quedaron integrados a la propia Chispa, la cual gracias a los fenómenos ya vistos, se convirtió en una *bola de fuego* o **Burbuja Plasmática**.

Pero éstas no fueron las únicas partículas elementales que se integraron al escenario de la evolución de la Energía y la Materia. Entonces conozcamos algo acerca de:

7.1. Las Partículas Elementales

Las Partículas Elementales son aquellas que no están constituidas por partículas o componentes más simples ni se conoce que tengan estructura interna. Ellas son los componentes básicos de la energía y la materia. Se distinguen *dos grupos*:

- Los **bosones**. Son partículas con masa desde cero no absoluto (**fotones**, gluones, etc.), hasta la masa del Bosón de Higgs ($\approx$ 126.4 GeV) y todos con espín (eje) entero (0, 1, 2…). *Aunque para nosotros los bosones que tienen espín cero, no tienen un eje para rotar, por lo cual, no tienen momento magnético y por lo tanto no son realmente partículas (tal es el caso del Bosón de Higgs), sino que sólo son construcciones de la física-matemática del Modelo Estándar.*

- Los **fermiones**. Son los constituyentes básicos de la materia, con eje (espín) semientero (1/2, 1/3, 2/3). Los más importantes son: los quarks up (u), los quarks down (d), los electrones (e^-), los muones y los neutrinos ($v^{\pm}$).

Merecen atención los **neutrinos**, cuya abundancia es casi infinita, ya que se están produciendo continuamente en las estrellas como el Sol, que son las más importantes fuentes de neutrinos mediante los procesos de desintegración beta de las reacciones que acaecen en sus núcleos estelares a los cuales abandonan luego viajando al espacio, sin necesidad de interactuar con ninguna otra partícula.

7.2. Evolución de la Burbuja Plasmática o Bola de Fuego

Efectivamente en aquella Burbuja Plasmática o *¡Primer Micro mundo!*, los fotones energizados, los electrones y las demás partículas elementales, con sus interacciones, creaban dentro de ella **ondas de choque**, o propagaciones ondulatorias, con transferencia de energía a través de aquel medio, de tal manera que sus **frentes de onda** provocaban algunos cambios abruptos en las propiedades del **medio plasmático** (densidad, presión, temperatura, velocidad, etc.).

7.2.1. Formación de varias capas en la Burbuja Plasmática

Dentro de la Burbuja o Bola de Fuego, se formaron varias capas de acuerdo al tipo de partículas, a la temperatura, a la densidad de éstas, según su clase, su masa, su energía y su cantidad; todo lo cual hacía que también se fueran formando diferentes estados plasmáticos.

Se cree que toda la materia conocida que componía al Universo primigenio estaba concentrada en esa Burbuja o Bola de Fuego, formada por capas de plasmas, cada una con sus diferentes partículas, antipartículas, interacciones, temperaturas y expansiones.

Naturalmente, en la Burbuja la formación de las capas o zonas no era similar a las del Sol o las de las estrellas.

7.2.2. Formación del núcleo

Sabemos que, en cualquier sistema, formación o cuerpo masivo, casi toda la materia que lo constituye es atraída hacia el centro, del sistema por su propia fuerza gravitatoria. Aun así, la Burbuja seguía en equilibrio, ya que la creciente presión que intentaba expandir el sistema, era compensada con la fuerza de la gravedad que actuaba atrayendo el gas hacia el núcleo de la Burbuja, comprimiéndolo lo necesario y formando un fluido más denso en su centro.

Pero fue precisamente en el **núcleo** o medio ionizado, donde se produjeron las reacciones térmicas de mayor energía, con gran incremento de la temperatura. La fuerza electromagnética y la gravitatoria de las partículas, en esos momentos, hacían que el nivel de energía fuera aún demasiado alta, como para que se pudieran enlazar los **quarks** (partículas de materia) con los **gluones** (partículas de energía, para formar los primeros **neutrones** (partículas subatómicas), por lo que todo continuaba como una nube de quarks y bosones libres.

En la parte exterior a su núcleo acabado de formar, el tránsito de la energía generada en su interior se producía por radiación, hasta el límite exterior de la siguiente zona, esto es, la zona radiactiva, la cual estaba compuesta por un plasma menos denso, conformado igualmente por muchísimas partículas ionizadas (energizadas).

7.2.3. Plasma de quarks y Gluones

Este un estado fluido de la materia, compuesto *de quarks y gluones desconfinados*, o sea libres, que se formó en el medio más ionizado, esto es, en el núcleo de la Burbuja.

Ahora hablemos de los principales *componentes de este **plasma***:

a. Los Quarks. Son partículas elementales de materia real llamadas fermiones, porque tienen (materia) masa, carga eléctrica y espín (eje) fraccionado. Son 6 tipos; pero ahora sólo vamos a ver 2:

- **Quark up**, *arriba* **(u)**, contienen carga eléctrica *arriba* de cero o *positiva* (+ 2/3) y masa ≈ de 1.5 MeV/c².

- **Quark down**, *debajo* **(d)**, con carga eléctrica por *debajo* de cero o *negativa* (-1/3) y masa ≈ de 4.0 MeV/c².

Los **quarks up (u) y down (d)** pertenecen a la primera generación y las masas mencionadas corresponden sólo a cuando están en reposo, ya que cuando interactúan entre ellos formando neutrones, protones y mesones, tales masas pueden llegar hasta los 300 MeV/c². Es decir que este exceso de masa se genera gracias a la energía de enlace, de la inmensa cantidad de **gluones** que transportan la Fuerza Fuerte.

Estos quarks conforman la primera etapa de la Burbuja, en la cual se encontraban desconfinados, es decir *libres*. Pero cuando se *unen* en tripletas y la suma de sus cargas da números enteros, entonces forman neutrones, protones y mesones.

Los otros quarks son: Encanto (charm, c), Extraño (strange, s), Top (Top, t) y Fondo (bottom, b).

Los quarks nunca son vistos en sí mismos, individualmente; porque la energía necesaria para separarlos llega a ser tan grande, como para que antes se forme adicionalmente un par **quark-antiquark ($q \leftrightarrow q^-$)**, esto es, un mesón, un pion, mucho antes de estar lo suficientemente separados para observarlos aisladamente.

b. Los Gluones. Son bosones o partículas elementales, con masa en reposo, cero 0; pero no nula, ya que se cree que es $> 0 < 20$ MeV/c^2 y su espín (eje) es =1. Son los portadores de la **Interacción Nuclear Fuerte** (que es la que permite la unión o confinamiento de los quarks).

Los Gluones (del inglés *glue «pegamento»*), con su energía *ligan* a los quarks, para formar partículas más pesadas, como *neutrones, pentaquarks, protones, mesones, piones*, etc., que a su vez se enlazan, formando núcleos atómicos y, junto a los **electrones**, que son atraídos por los **protones**, forman luego los **átomos** o elementos que conocemos en la Tabla Periódica, esto es, en la naturaleza.

En ese estado o **plasma de quarks y gluones**, se encontraba la materia en los primeros instantes, después de formarse el primer **Micro Universo** o Burbuja plasmática. Este estado se logró reproducir artificialmente en el CERN en el año 2000.

7.2.4. Confinamiento de los Quarks formando los primeros Neutrones

Sobre este fenómeno podemos decir que, gracias a la multiplicación de los quarks y otras partículas, el centro de la Burbuja se iba haciendo cada vez más denso y se convertía en una mezcla de electrones, portadores de carga eléctrica negativa, fluyendo libremente en medio de los (quarks) cargados positivamente.

Pero como simultáneamente la Burbuja continuaba su expansión, esto propició en la superficie una caída inicial de la temperatura, permitiendo que los **quarks** que estaban más afuera, finalmente pudieran aferrarse el uno al otro a través de los **gluones** mediante la **Fuerza Fuerte**, quedando así confinados o encerrados, proceso éste denominado por la física como el: «Confinamiento de los quarks».

Gracias a este confinamiento se formaron las primeras partículas Subatómicas Compuestas, siendo las primeras los **Neutrones** libres.

7.3. Las Partículas Subatómicas Compuestas

Son las que están formadas por un conjunto de partículas elementales, que juntas forman un estado ligado estable.

Iniciemos conociendo las que nos llevarán a la formación de los átomos, así:

7.3.1. Los Hadrones. Del griego hadrós, «denso» o «fuerte», son partículas subatómicas formadas por quarks y/o antiquarks, que permanecen unidas debido a la interacción nuclear fuerte entre ellas.

Existen dos tipos de **hadrones**: los **bariones** y los **mesones**:

a. Los bariones. Son una familia de partículas formadas *por tres quarks*. Ellos fueron, las primeras partículas compuestas que se formaron en el laboratorio de la naturaleza. Existen muchas clases de bariones; pero los más representativos, por formar el núcleo de loa átomos, son los **neutrones** y los **protones**; además existe un barión exótico, muy importante, denominado «**Pentaquark**»[5].

Los **bariones** más conocidos son:

- **Los neutrones**: formados por un quark **up**, **u** (up, arriba de cero) y dos quarks **down**, **d** (down, *debajo* de cero), así: **udd** o (u+d+d). Los neutrones tienen masa ≈ de 939,57MeV (superior en 1.30MeV a la del protón) y se desintegran casi a los 15 minutos.

- **Los protones**. Formados por dos quarks **up** (**u**, *encima* de cero) y un quark down (**d**, *debajo* de cero), así: **uud**. Los Protones tienen masa ≈ de 938,27MeV y tienen una vida media de 10^{35} segundos.

- **Un nuevo y especial barión, el Pentaquark Pq$^+$(q+q+q+q+q$^-$)**. La evidencia experimental demuestra que cuando un neutrón se desintegra, genera tanta energía que inmediatamente se transforma en una combinación de cinco quarks, tal como (u↔d↔d+d↔u$^-$), denominada Pentaquark, cuya masa es ≈ de 1.540MeV o 1.54GeV.

Cuando los **pentaquarks Pq$^+$(q↔q↔q+q↔q$^-$)**, con sus cinco quarks ligados, se dividen o fisionan, conforman una especie de *molécula mesón-barión*, formada por dos partículas, así: un **barión** de tres quarks (q↔q↔q) + un **mesón** (un pion, $\pi^\pm$) formado por un quark y un antiquark (q↔q$^-$).

La existencia de los pentaquarks fue hipotetizada por Maxim Polyakov, Dimitri Diakonov y Víctor Petrov del Instituto de Física

Nuclear de San Petersburgo en Rusia en 1997; pero fue hasta el mes de julio de 2.022 y para fortuna de la física cuántica, que el Centro Europeo de Física de Partículas (CERN) anunció el descubrimiento de tres nuevas partículas «exóticas», entre ellas los Pentaquarks.

El estudio de los pentaquarks ayuda a arrojar luz sobre la física de las *estrellas de neutrones y las estrellas jóvenes*.

b. Los mesones. En física de partículas, los mesones (del griego mésos: que está en medio), son partículas subatómicas compuestas en un estado ligado quark-antiquark, tal como (d+u⁻). Entre ellos tenemos: los Piones ($\pi^{\pm}$), los Kaones, los Eta, los Phi, los Rho, etc.

Existen muchos tipos de mesones; pero para la transformación de los primeros Neutrones en Protones, trabajaremos solo con los **piones** $\pi^{\pm}$, los cuales fueron descubiertos en 1.947 por un grupo de científicos dirigidos por Cecil Powell. Están formados por un quark y un antiquark de primera generación, tal como (d+u⁻).

Los Piones ($\pi^{\pm}$) actúan como una fuerza de intercambio entre neutrones y protones dentro del núcleo atómico, para estabilizarlo y, tienen una masa de $\approx$ 139,6 MeV y una vida media de 2.6×10^{-8} segundos. En los neutrones libres, el pion (π^{-}) hace parte del proceso de desintegración y transmutación de un **neutrón** en un **protón**.

En el grupo de los mesones, los **piones** son las partículas más ligeras y responden tanto a la interacción nuclear *fuerte* como a la *débil*.

7.4. Las Partículas y las fuerzas de la naturaleza

Existen cuatro fuerzas en la naturaleza para la *interacción* entre las partículas: El fotón para la fuerza electromagnética, el gluon para la fuerza nuclear fuerte, los bosones W y Z para la fuerza nuclear débil y el gravitón (teórico) para la fuerza gravitatoria; pero para la *formación* de las partículas compuestas tomaremos sólo dos fuerzas:

a. La Fuerza nuclear Fuerte. Es una de las cuatro fuerzas que la física establece, para explicar las interacciones entre las partículas, sus componentes y cuerpos conocidos. Ella también es capaz de sostener la interacción entre los quarks y los gluones dentro de los protones y neutrones, como también de mantener unidos a estos, cuando se encuentran en el núcleo de los átomos.

b. La Fuerza o Interacción Débil. Denominada así, porque se presenta tanto en el interior de partículas subatómicas (los *protones* y los *neutrones*), como también en el interior del núcleo atómico, cuando hay exceso de neutrones y se requiere buscar la estabilidad atómica. Los neutrones sobrantes se desintegran y transmutan en protones, de la siguiente manera: un *quark* de tipo *down* (d), puede ser transformado en un *quark* de tipo *up* (u) y viceversa (d ↔ u).

Esta interacción facilita en el interior de las estrellas, la desintegración de los **neutrones**, transformándolos secuencialmente en: **Pentaquarks, protones y mesones**, como también en partículas tan importantes como los **piones** $\pi^{\pm}$, los bosones de Higgs H^o, **W y Z**, etc., todos estos, producidos gracias la inestabilidad de los primeros neutrones que se veían obligados a transformar uno de sus quarks down (d) en un quark up (u), que es menos masivo. Todo este proceso también facilitó al final, la formación de los átomos.

La Desintegración Beta (β⁻). Este proceso está mediado por *la interacción débil*, en los núcleos atómicos inestables y en los neutrones libres. Gracias a esto, los neutrones se transforman en protones, debido a que un *quark abajo* (**d**) se convierte en un *quark arriba* (**u**), transformando un **neutrón** (u+**d+d**), en un **protón** (**u+u**+d), terminando la reacción en: un protón + un electrón (e⁻) + un antineutrino (v⁻e), así: **n → p + e⁻ + v⁻e**.

También existe la Desintegración (β⁺), por la cual, a partir de un protón, se crea un neutrón, más un positrón (e⁺), más un neutrino electrónico (v⁺e), así: **p → n + e⁺ + ve**.

Sin embargo, este proceso **no ocurre en protones libres**, pues implicaría violación al principio de conservación de la energía y la materia, ya que la suma de las masas y de las energías de los productos resultantes (**n + e⁺ + ve**), sería mayor que la del protón.

Por lo tanto, ¡tuvieron que ser los **neutrones**, las primeras partículas compuestas de la naturaleza.

Debe tenerse en cuenta que, en estos procesos, se presenta una fluctuación cuántica o cambio temporal rapidísimo, en la cantidad de energía y/o de masa, en el cual se generan nuevas partículas, esto de acuerdo al **Principio de Incertidumbre** de Heisenberg.

Y ¡ojo!: la formación de las partículas compuestas, confirman que la energía y la materia son auto convertibles; para ello veamos lo siguiente: los quarks, que son *fermiones* (**materia**), al formar pareja con los anti quarks (**materia**), por medio de gluones (**energía**), forman los piones (π⁺), que son **materia**, los cuales se desintegran en un *Bosón* *de Higgs* (H°), que también es solo **materia** y este bosón crea el bosón W, que de hecho, es solo **materia**; pero aquí viene lo fenomenal: *¡El bosón W, inmediatamente, se transforma en partículas de casi sola energía, electrones y neutrinos ($e^{\pm} + v^{\pm}$)!*.

Hipótesis 8. El *Neutrón*, la primera partícula compuesta de la naturaleza. Un prodigio de la Naturaleza

La reunión para sustentar esta hipótesis se celebró en la universidad, a donde llegamos muy temprano, dado que el tema era muy apasionante, pues corresponde al maravilloso mundo de los **neutrones**, las partículas más esenciales de la naturaleza, las cuales pueden considerarse como: *Una joya del Universo*.

Algunos aseguran que en el confinamiento de los quarks-gluones en la Burbuja plasmática, pudieron haberse formado los primeros protones, de los cuales surgieron los neutrones; pero esto no es posible, entre otras, por dos razones:

- Porque como vimos atrás, *la naturaleza necesitaba de una partícula compuesta que se transformara en un tiempo adecuado y, ella fue el **neutrón***, el cual en estado libre (fuera del **átomo**) es muy inestable, siendo su vida media de ≈ 15 minutos, facilitando su transmutación en protones y otras partículas. Pero cuando está dentro de los núcleos atómicos se convierte en estable.

- Los protones tienen una vida media de 10^{35} años, por lo que la desintegración de los protones libres nunca ha sido observada.

- Porque en el Universo no pueden existir partículas **libres** y a la vez **cargadas** eléctricamente, como son los **protones**, sino que sólo pueden existir partículas **libres y neutras**, tales como los **neutrones** cuando están presentes en un medio plasmático.

Entonces, hagamos seguimiento de algo visto atrás, referente a que con la Evolución y la mayor expansión que nuevamente se presentó en la **Burbuja** plasmática primigenia, se propició otra caída de la temperatura, permitiendo que los **quarks** que estaban en un sitio adecuado pudieran unirse formando los primeros **Neutrones** libres, los cuales, en sus orígenes no eran tan neutros y gracias a su inestabilidad, se presentaron reacciones tan rápidas como complejas, que provocaron su desintegraban facilitando que secuencialmente se transformaran en: Pentaquarks, protones, piones, bosones de Higgs y W, electrones, antineutrinos electrónicos y finalmente, en **átomos**.

El **Neutrón** *es la primera partícula compuesta* formada en el laboratorio de la naturaleza y como su nombre lo da a entender, es neutra porque no tiene carga eléctrica neta, aunque está compuesta por tres partículas fundamentales **con carga eléctrica**, llamadas **quarks**, cuyas cargas sumadas son cero (no absoluto); pero como las propiedades eléctricas de los quarks no están distribuidas de manera uniforme, esto le da inestabilidad al **neutrón**, cuando está libre.

Un **neutrón**, está formado por:

-) Un **quark up (u)** (arriba de cero), con masa $\approx$ de 1.7 a 3,23MeV y carga eléctrica de +2/3.

-) Dos **quarks down (d)**, (d, debajo de cero) con masa ≈ de 4,0 a 6,51 MeV y carga de -1/3.

La suma de estas cargas eléctricas {(2/3) + (-1/3) + (-1/3)}, es igual a cero (no absoluto).

Un **neutrón** se representa estructuralmente como (u+**d**+**d**) o (u**dd**). Su masa es ≈ 1.675×10^{-27} kg, 939.57 MeV/c^2 y es ≈ 1,00137 veces, mayor que la masa del **protón** y 1.838 veces, que la del **electrón**.

Gracias a los **neutrones** se produjo la transformación de la Burbuja plasmática en una **Estrella de Neutrones** y se formaron los protones, el Bosón de Higgs y otras partículas, incluidos los átomos.

8.1. Estrella de Neutrones o Plasma de Neutrones

Según los descubrimientos científicos, en el centro de la **Burbuja** se formó en principio un Plasma hirviente de **quarks** y **gluones**; pero a medida que la Burbuja crecía, la temperatura en la superficie decrecía, facilitando la formación de los primeros **neutrones** libres, que por su peso y abundancia, rápidamente se acomodaron en el núcleo de la **Burbuja**, transformándola ahora un *Plasma o fluido incandescente de Neutrones*, el cual científicamente se denomina «**Estrella de Neutrones**».

Los **neutrones libres** se encuentran en el núcleo de las estrellas, cuando éstas se hallan en la etapa de Pre-Secuencia Principal, o sea, cuando todavía se está generando una gran cantidad de neutrones que al desintegrarse, se convierten en **Hidrógeno**.

El hecho de que la Estrella de Neutrones sea un *Plasma de neutrones* tiene que presentar muchos tipos de capas, con diferentes grados de densidad y temperatura y, gracias a que, en las regiones cercanas a la superficie, se presentaba una temperatura adecuada, se facilitó que los **neutrones** libres, antes de 15 minutos (que es su vida media), iniciaran procesos de desintegración y transformación en **protones** (p^+) + **electrones** (e^-), que se ligarían ($p^+ \leftrightarrow e^-$) formando **átomos de Hidrógeno**.

Surge la pregunta: ¿Cómo pueden ser tan esenciales unas partículas que, en su estado libre, apenas viven sólo unos 15 minutos?

La respuesta es que precisamente, esto es lo que podríamos considerar como un don de la naturaleza, porque seguramente ese es el tiempo necesario, para que: por un lado, los neutrones se desintegren formando protones y otras partículas muy importantes y, por otro lado, para que puedan formar un **plasma de neutrones**, necesario para los procesos que veremos a continuación.

Y ojo, los **neutrones**, no es que estén compuestos por un **protón** y un **electrón**, como se creía hasta principios del siglo XX, sino que, en su proceso de desintegración, se transmutan en estas dos partículas, debido a la cantidad de energía invertida en este proceso.

Las primeras partículas compuestas, formadas en la Burbuja, ahora transformada en una **Estrella de Neutrones,** fueron pues los *neutrones libres*, que muy probablemente, *no eran ciento por ciento neutros*, dada la excitación reinante en las partículas que los conformaban y el medio en el que se generaban.

En la **Burbuja primigenia**, se formaron primero los **Neutrones** (n) y por desintegración y transmutación de éstos, se formaron los **Protones**. Sin embargo, por lo extenso e importante que es el tema de los **neutrones** y sus implicaciones en el Universo, he decidido dar a conocer primero algo acerca de los **protones**, así:

Los Protones (p^+)

La denominación de Protón no obedece a que hayan sido la primera partícula compuesta, sino a que con los primeros **protones** que fueron generados por los **neutrones**, se formó en el laboratorio de la naturaleza, el **Protio**, correspondiente al primer *átomo del Universo, el Hidrógeno*, formado por un (1) **protón** y un **electrón**.

El **protón** además de ser *el núcleo atómico* del **Protio (Hidrógeno, H_1)**, es a su vez, *un nucleón* o partícula subatómica, presente en los núcleos de todos los átomos.

En física, el **protón** (p^+), es una partícula subatómica estable formada por la unión de dos **quarks up** (**u**), arriba de cero y uno abajo **down** (**d**): (**u**+**u**+**d**) o (**uud**). Contiene una carga eléctrica positiva de 1, igual en valor absoluto y de signo contrario a la del **electrón** (e^-).

Es interesante saber que todos los cuerpos, incluidos los astros, están constituidos por **átomos**, en los cuales, por cada **protón**, hay un **electrón** y un número más o menos similar de **neutrones**.

Esta composición de los átomos hace que todos los cuerpos (incluido el nuestro), sean eléctricamente neutros: el número de cargas positivas (**protones**), es igual al número de cargas negativas (**electrones**).

Aunque parezca increíble, *si así no fuera, la fuerza de la gravedad sería insuficiente, para asegurar la cohesión de la materia de un cuerpo o de un astro y estos explotarían.*

Lo anterior significa que en el Universo, no pueden existir partículas compuestas **libres** y a la vez **cargadas**, como son los **protones** (p^+) y los **electrone**s (e^-). Por lo tanto, la formación de partículas compuestas tuvo que empezar obligatoriamente con los **Neutrones libres**, partículas entre cuyas características, están: su débil neutralidad original y su corta vida de sólo ≈ 15 minutos, que les permitieron desintegrarse y transmutarse en *protones, electrones* y otras partículas. El protón en cambio, tiene una vida tan larga como de ≈ 3.6×10^{29} años. Y, la naturaleza necesitaba de una partícula que se transformara en un tiempo adecuado, siendo ésta el **neutrón**.

Además, ya vimos que el proceso de **Desintegración Beta (β^+), no ocurre en protones libres**, pues implicaría la violación al principio de conservación de la energía y la materia, ya que la suma de las masas y de las energías de los productos resultantes (**n + e$^+$ + νe**), sería mayor que la del protón.

Por lo tanto, nuevamente: ¡tuvieron que ser los **neutrones**, las primeras partículas compuestas de la naturaleza.

8.2. Los Neutrones fueron los generadores del Bosón de Higgs

Otra de las maravillas originadas en el laboratorio de la naturaleza fue el proceso por el cual, a partir de los Neutrones, se generaron los primeros **Protones**, los **Bosones de Higgs (H°)**, el **Hidrógeno** y otras partículas. Esto gracias a que los primeros **neutrones**, que eran libres en el **Estrella de Neutrones**, a la vez eran muy *inestables* y, por tanto, no eran tan neutros como esperaríamos, pues su vida media, como ya vimos, es de unos 15 minutos, luego de los cuales se desintegran transmutándose en otras partículas.

8.2.1. Formación del Bosón de Higgs (H°)

Entonces nos preguntamos: ¿Todo fue así de simple? La respuesta es que, en realidad en el laboratorio de la naturaleza, en la primera **Estrella de Neutrones**, se presentaron muchas reacciones tan rápidas como complejas, que facilitaron la formación de los primeros **Protones**, de **los primeros bosones de Higgs**, etc.

Para una mejor comprensión de este proceso, es necesario valerse tanto de la física cuántica como de un marco ampliamente filosófico.

Como vimos detalladamente en el Capítulo II, las reacciones que ocurrieron en el interior de los **neutrones** al desintegrarse generaron tanta energía-masa, que se transformaron de una manera secuencial, no solo en **protones** sino adicionalmente en otras partículas, en el siguiente orden: *Pentaquarks → Protones + Piones → Bosones de Higgs → Bosones W⁻ → Electrones + Neutrinos*.

Debe quedarnos claro que, en aquella Estrella de Neutrones, que en realidad era un gas extremadamente denso y caliente, como lo es el Sol, obviamente, no podíamos encontrar libres, ninguna de estas 4 partículas: Pentaquarks (Pq^+), Piones (π^-), Bosones de Higgs (H°) y bosones (W⁻), porque se transformaron en el propio proceso, así que las trazas que se vean son de sus descendientes.

En efecto, a medida que los **neutrones** se iban desintegrando y transmutando, la mayoría de las partículas que se generaban en el proceso, desaparecían; pero quedando aquel ardiente y agitado gas, compuesto ahora también por los ***Protones (p^+)*** y ***Electrones (e^-)*** que sobrevivieron al proceso, los cuales inmediatamente se fueron acomodando en la parte más fresca del sistema, facilitando que *se atrajeran entre sí*, formando parejas, tales como ($p^+ \leftrightarrow e^-$).

El Bosón de Higgs participó en la formación del Hidrógeno.

Si el Bosón de Higgs existe, debería representar para la física y para la ciencia, algo más importante que la sola presunción de ser la partícula que dotó de masa a las partículas elementales: Es el hecho de: «*haber sido una partícula que contribuyó con otras,* a partir de *la desintegración de un neutrón,* a la formación del **primer átomo de la naturaleza, el Hidrógeno**».

Entonces. aprovechemos que ya se formó el **Hidrógeno**, para hablar un poco de los átomos:

¿Qué es un átomo?

Según la química, un Átomo (del griego ἄτομον «sin partes», «indivisible»), es la unidad compuesta más pequeña, de la materia ordinaria, que tiene las propiedades de un elemento químico. Todo, incluido nuestro propio cuerpo está compuesto de **átomos**.

En física y química clásicas, los átomos están compuestos de neutrones y protones formando un núcleo, además, de electrones a su alrededor; pero para la *física cuántica*, cuando en este núcleo se presentan reacciones en sus neutrones y protones, los cuales están compuestos de quarks y gluones, la energía que generan es tanta, que se crean otras partículas tales como Pentaquarks, Piones, Bosones de Higgs, Bosones W, electrones, Neutrinos, etc.

Los **átomos** no son pues corpúsculos duros, indivisibles, indestructibles e impenetrables, sino que son sistemas compuestos, que constan de muchas partículas elementales y compuestas.

En el interior de los átomos, sólo aproximadamente un 2 % es *masa o materia*, por lo cual son casi sólo espacio vacío, ya que el 98 % restante es pura energía de enlace necesaria para mantener unidos sus componentes y para facilitar las reacciones.

Formación de los átomos

Con respecto a este punto, sabemos que cada átomo consta de un núcleo y uno o más electrones orbitando alrededor, así:

-. El **núcleo** es la pequeña parte central de un átomo, con carga eléctrica positiva, compuesto de uno o más protones y generalmente un número similar de neutrones. Los protones y neutrones del átomo se denominan nucleones, por formar parte del núcleo atómico.

Más del 99,94 % de la masa del átomo está en el núcleo. Los protones tienen una carga eléctrica positiva (p^+), los electrones tienen una carga eléctrica negativa (e⁻) y los neutrones no tienen carga eléctrica, *aunque puede ser cercana al cero absoluto.*

En un átomo (que debe ser neutro), el número de protones debe ser igual al número de neutrones y de electrones. Si este número es diferente, entonces el átomo se denomina ion (partícula cargada eléctricamente por pérdida o ganancia de electrones) o puede tratarse de un isótopo (átomo con cantidad diferente de neutrones que de protones, tal como el *Protio*, Hidrógeno formado por un protón más un electrón y ningún neutrón).

-. **El electrón** (e⁻). Como se sabe, es una partícula de materia, con una masa aproximada de 9.1×10^{-31} kg o 0.511 MeV y con carga eléctrica elemental negativa, no tiene componentes o subestructura; por ello, se define como una partícula elemental. Los electrones atraídos por los protones a través de la fuerza electromagnética formaron los primeros átomos. Ellos forman la atmósfera del átomo, dando vueltas alrededor del núcleo, como los planetas alrededor del Sol[6].

CAPÍTULO IV

La Primera Estrella del Universo

Hipótesis 9: Nacimiento de la Primera Estrella o Estrella Madre

Y el universo presenció otro maravilloso fenómeno: la formación de su **Primera Estrella o Estrella Madre**, una solitaria centinela iluminando una pequeña parte del infinito fondo de Energía Oscura reinante en el firmamento.

La reunión para la sustentación de esta hipótesis, se realizó en la facultad de Física de la Universidad. Para ello se aprovecharía toda la investigación científica disponible.

La inicié manifestando que, la literatura científica es muy amplia en todos los temas; pero las diferentes teorías parecieran como estrellas aisladas en el firmamento científico, en el cual no se maneja un contexto filosófico que nos lleve de un antes a un después, tal y como sí trato de hacerlo en este libro, lo cual me permite organizar las investigaciones y avances científicos para presentar de una manera secuencial la *evolución y metamorfosis del Universo*.

Vimos atrás cómo la Burbuja Plasmática se convirtió en un *Plasma de Neutrones*, que luego se transformó en la primera **Estrella de Neutrones**, en la cual se presentó el proceso de conversión de los *neutrones* libres en otras partículas que se transmutaron en átomos de Hidrógeno, hasta que se inició en el núcleo, la ignición de este elemento, provocando la transformación de la **Estrella de Neutrones** en una real y **joven Estrella**, en su *Etapa de **Pre-Secuencia Principal***, tal como ha sucedido con todas las estrellas, incluido el Sol.

De hecho, los científicos están considerando la posibilidad de que la Primera Estrella y muchas estrellas nuevas, se han formado a partir de *Estrellas de Neutrones* y unas pocas, de Enanas Blancas; así como también en las nebulosas o regiones que están constituidas por gases, principalmente Hidrógeno y otras partículas en forma de polvo cósmico y por burbujas incandescentes de distintos elementos, que incluían bloques de materia hirviente. Todo esto generado cuando las estrellas al final de su vida explotan, expandiéndolo a su alrededor.

La evolución de una estrella depende del tamaño y cantidad de energía y materia con la cual se inicie y, como se desconoce dicho tamaño, bien podría optarse por la evolución que tienen las estrellas de masa superior a 8 masas solares, que pudo ser la que tenía nuestra Estrella Madre. Además, pudo presentarse una secuencia así:

Etapas o capas en la evolución de la Estrella Madre

Pre-Secuencia Principal → Secuencia Principal (SP) → Subgigante (SG) → Gigante Roja (GR) → AR/RH (Apelotonamiento Rojo/Rama Horizontal) → RAG (Rama Asintótica de las Gigantes) → Destino final, NP (Nebulosa Planetaria) + Estrella de Neutrones.

Para una mejor comprensión de las etapas que siguen, apartémonos de la numeración que traemos y, empecemos por:

La Etapa de Pre-Secuencia Principal: Estrella de Neutrones

Una **estrella de pre-secuencia principal** es aquella que en su fase evolutiva está formada por hidrógeno y otras partículas que están cayendo sobre la condensación central (núcleo) de la estrella, hasta alcanzar la etapa de Secuencia principal.

Vimos en el Capítulo anterior (8.1) cómo la **Burbuja** tuvo una **metamorfosis** al transformarse en un **Plasma de Neutrones** o mejor en una **Estrella de Neutrones**.

También vimos cómo con la continua transmutación de los **neutrones**, se formaron los primeros átomos de Hidrógeno que como eran cada vez más abundantes y pesados, empezaron a formar un nuevo núcleo, el de **Hidrógeno**, compuesto por infinitos átomos de (**Protio**, $p^+ \leftrightarrow e^-$) y otras partículas.

Y, ahora sí amigos, lo que necesitaba el Universo: la existencia del primer **átomo**, formado en la etapa de Pre-Secuencia Principal.

Primer Átomo formado en la Naturaleza: el Hidrógeno (^1H)

Atrás vimos que en el laboratorio de nuestra madre naturaleza, con su sistema dinámico, se procedió como si se tuviera un plan trazado, produciendo algo muchísimo más importante y trascendental. En efecto, a partir de *la desintegración por la reacción radiactiva de un neutrón*, una partícula aparentemente neutra y gracias a la energía de sus componentes, se formó *el primer elemento de la naturaleza,* el **Hidrógeno H1**, representado en su primer y más abundante isótopo, *el Protio* ^1H, *formado por un protón (p^+) ligado a un electrón (e^-)*, tal como ($p^+ \leftrightarrow e^-$) y ningún *neutrón*, ya que éste desapareció cuando dio vida a las otras partículas.

Por ser el **Hidrógeno** el primer átomo o elemento químico, su número atómico es 1, representado por el símbolo $_1H$. Es el átomo más abundante, constituyendo ≈ el 75 % de la materia del Universo. Representa más del 90 % de los átomos de nuestro planeta. Con él, se formaron en la Estrella Madre los siguientes 25 átomos de la Tabla Periódica. El Hidrógeno forma compuestos, con la mayoría de los elementos, estando presente en el agua.

En la nueva Estrella la presión aumentó tanto, que generó fuertes corrientes en forma de flujos que transferían energía hacia las capas superiores, en las cuales bajó la temperatura, estabilizándose así nuestra Estrella, que ahora sí pudo entrar en la etapa de Secuencia Principal, consolidándose a su vez, como la que vamos a seguir denominando, la **Estrella Madre**.

Más Evolución de la Estrella Madre

Como, todo lo que tenía que suceder, sucedió, entonces, veamos ahora, **el procedimiento seguido por la madre naturaleza** en las siguientes

etapas de la Evolución de la Estrella Madre y los sucesos que siguieron a la formación del **Hidrógeno**.

La Etapa de Secuencia Principal. Núcleo de Hidrógeno

1. Formación del Primer Núcleo de la Estrella Madre.

Según las investigaciones, en esta etapa se consolidó la formación del primer Núcleo de la Estrella Madre o *núcleo de Hidrógeno*. Como en cualquier cuerpo masivo, toda la materia que constituye una estrella, es atraída hacia el centro por su propia fuerza gravitatoria formando un núcleo, que en este caso fue de átomos de Hidrógeno, que se fusionaron para mantener la energía de la Estrella y de los cuales se generaron los átomos de Helio.

Recordemos que, gracias a la constante desintegración de los **neutrones** en la *Estrella de Neutrones*, transmutándose en Hidrógeno y con él la estructuración de un núcleo de Hidrógeno, que facilitó la formación de una Estrella real o **Estrella Madre**.

Pues bien, dicho núcleo de *Hidrógeno* se formó mediante sus Isótopos, los cuales son átomos del mismo elemento (H), cuyos núcleos tienen una cantidad diferente de neutrones que de protones; siendo ellos: el Protio (^1H), el Deuterio (^2H) y el Tritio (^3H).

Este Núcleo *de Hidrógeno*, a su vez, estaba rodeado por varias capas. Pero en ese *estado de plasma*, las propiedades del Hidrógeno molecular son bastante diferentes ya que el protón y el electrón del Hidrógeno, no se encuentran suficientemente ligados ($p^+ \leftrightarrow e^-$), por lo que se presenta una alta conductividad eléctrica y una gran emisividad (origen de luz emitida por el Sol y otras estrellas). Existe, además la contribución puramente térmica de origen fotónico o presión de radiación, que es causada por el ingente flujo de fotones emitidos desde el centro de la estrella.

Para nuestro bien y el de la naturaleza, el Hidrógeno no se formó de una manera tan perfecta. Efectivamente, los primeros átomos de Hidrógeno, que formaron el Núcleo de Hidrógeno, no eran tan estables, ya que eran verdaderos isótopos de este elemento.

Conozcamos de una vez: ¡Qué son los Isótopos!

Ellos son átomos de un mismo elemento; pero que tienen en su **núcleo** una cantidad diferente de neutrones que, de protones, facilitando las reacciones de fusión, que es la unión de dos partículas, produciendo una o varias partículas diferentes. Por ejemplo, el Hidrógeno que tiene 3 **isótopos** naturales, a saber:

- El **Protio** (^1H) o (P), formado por un protón (p^+) en su núcleo + un electrón (e^-) a su alrededor y cero (0) neutrones; pero si captura un neutrón libre (que no es tan neutro), se combinan ($p^+ + n$) para formar un núcleo más pesado, convirtiéndose en:

- **Deuterio** (^2H) o (D). Formado en su núcleo por 1 protón (p^+) + 1 neutrón (n) → ($p^+ + n$) y a su alrededor un electrón (e^-). Pero si captura o incorpora adecuadamente un nuevo neutrón libre, como efectivamente ocurre, se convierte en:

- **Tritio** (^3H) o (T). Su núcleo está formado por 1 protón (p^+) + 2 neutrones ($p^+ + 2n$) y a su alrededor un electrón (e^-).

Estos isótopos del Hidrógeno, a su vez, generaron los átomos de Helio, que luego ocuparían el núcleo de la estrella, por transformación y desplazamiento de casi la totalidad del Hidrógeno; y, cuando la mayor parte del Helio se haya transformado en Carbono, será éste el nuevo constituyente del núcleo, hasta que éste finalmente será dominado por el Hierro.

Los sucesos que siguieron a la formación del Hidrógeno

2. Formación de los primeros 26 Átomos en la Estrella Madre

La formación de la Primera Estrella coincide con la formación del Hidrógeno y a partir éste y de los infinitos neutrones libres que seguían haciendo parte de la estrella, se formaron los siguientes 25 átomos de la Tabla Periódica. Este proceso se produjo tal como ha seguido ocurriendo en todas las estrellas y se facilitó debido, entre otros, a un fenómeno, denominado: **Recombinación** entre la **radiación (energía)** y la **materia**.

La **recombinación** fue el evento o fenómeno en el cual, gracias al descenso de la temperatura, se facilitó que los neutrones, los protones y otros componentes de la materia, pudieran formar núcleos atómicos que al combinarse o interactuar con los electrones, hicieran posible la formación de átomos.

Hubo entonces un momento en el cual, en la parte más externa de la Estrella, las partículas subatómicas ya conocidas, no tuvieron la suficiente energía para vencer la atracción electromagnética entre ellas, por lo que *comenzaron a combinarse para formar* ***átomos***.

Gracias pues, a la formación del primer átomo, el Hidrógeno (H^1), se facilitó la formación de los 25 siguientes elementos de la Tabla Periódica, tales como: Helio → Berilio → ……. → Hierro, los cuales se formaron cuando la Estrella Madre, alcanzó la Fase de Gigante Roja, en la cual se presenta la *Nucleosíntesis*, que es el proceso de creación de nuevos núcleos atómicos a partir de núcleos preexistentes.

3. Formación del Helio en la Estrella

En algún instante de la etapa de **Secuencia Principal (SP)**, en cuyo núcleo se estaba quemando el Hidrógeno, compuesto por Protio (^{1}H), Deuterio (^{2}H) y Tritio (^{3}H); gracias a la inestabilidad del (^{2}H) y del (^{3}H) se facilitó su fusión y transformación en Helio, que iba formando una capa, que transmitía la energía generada hacia la superficie. Efectivamente, estas reacciones convirtieron el Hidrógeno, en una inmensa cantidad de átomos del segundo prodigioso elemento de la naturaleza, el Helio, de acuerdo a la reacción: ^{2}H + ^{3}H → ^{4}He + n, o, D + T → ^{4}He + n.

4. Núcleo de Helio

Cuando la abundancia de átomos de Helio fue suficiente, se formó la denominada *Capa de Helio*, alrededor del Núcleo *de Hidrógeno*, cuya densidad cada vez iba disminuyendo.

Pero llegó el momento, en que la Estrella Madre había fusionado casi todo el Hidrógeno en Helio y grandes cantidades de éste, ahora se precipitaron y se acumularon en el centro, debido a que el Helio es más pesado que el Hidrógeno, formando de esta manera, el **Núcleo de Helio**, cubierto por un manto de Hidrógeno.

Tercera Etapa: Evolución de la Estrella a Subgigante y a Gigante Roja

1. Fase de Subgigante

Terminada la etapa de *secuencia principal*, en la que casi todo el Hidrógeno se ha convertido en Helio, la Estrella Madre, deriva su energía del núcleo que alcanza una temperatura muy alta, mientras en la cáscara de Helio que se formó alrededor de su núcleo, empezaron a presentarse otras reacciones, que generaron nuevos *elementos más pesados*, como el Carbono, el Oxígeno, etc.

En esta fase, la Estrella se hace algo más grande, porque expande su diámetro y, su luminosidad va enrojeciendo, completando un paso más, hacia su transformación en una Gigante roja.

2. Fase de Gigante Roja

En un momento dado, la atmósfera de la estrella **Subgigante**, alcanza una temperatura con un valor mínimo crítico, por debajo del cual ya no puede descender, lo que la obliga a un aumento enorme de tamaño y un enfriamiento de su superficie, por lo que su color se torna rojizo, convirtiéndose en una estrella del tamaño de una estrella **Gigante Roja**, con una masa intermedia (menos de 8-9 masas solares).

Fue en esta etapa cuando se presentó la **Nucleosíntesis** y que explicar este tema, que es necesario para entender mejor la formación de los elementos siguientes al Hidrógeno y al Helio, dentro de la estrella Madre.

2.1. La Nucleosíntesis

Es el proceso llevado a cabo en las estrellas cuando el Helio, se sigue fundiendo para generar, por *fusión* y/o *fisión nuclear*, elementos más pesados, tales como: el Carbono, el Silicio, el Oxígeno y más elementos de la Tabla Periódica. En la Nucleosíntesis participan distintos tipos de reacciones, tales como:

- **Partículas alfa α (^{4}He)**. Son núcleos completamente ionizados, cargados positivamente, compuestos por dos neutrones y dos protones (núcleos de **Helio**, ^{4}**He**), sin su envoltura de electrones.

La energía creada en el interior de la Estrella, en donde la temperatura y la presión son altísimas, provoca reacciones nucleares, en las cuales se liberan neutrones (n) y protones (núcleos de Hidrógeno H_1), que se funden en grupos de cuatro (2n+2p) para formar núcleos de Helio o partículas alfa α (^{4}He), cargadas positivamente, ya que carecen de electrones (e$^-$). En el proceso se desprende tanta energía, que se convierte en la energía cinética de la partícula alfa. Como cada partícula alfa α (^{4}He), pesa menos que los cuatro protones juntos, la diferencia se expulsa hacia la superficie de la Estrella en forma de energía.

- **Desintegración Beta**. Consiste en partículas (electrones y positrones) emitidas en las reacciones y desintegraciones de los neutrones libres y de los núcleos atómicos inestables, tales como el Hidrógeno (Tritio), el Carbono, etc.

2.2. Formación de los siguientes 2 Átomos en la Estrella Madre

El calor desprendido en las anteriores reacciones aumentó todavía más la presión en la Estrella Madre, facilitando ahora la conversión del *Hidrógeno que quedaba y del Helio*, en los dos elementos siguientes en la Tabla Periódica, estos son: El **Litio (Li)** según la reacción: Tritio (T) + alfa (^{4}He) → $^7_3$**Li** + γ, así como el **Berilio (Be)** según la reacción: Helio3 (^{3}He) + Alfa (^{4}He) → $^7_4$**Be** + γ (energía).

2.3. Formación de Átomos más pesados que el Berilio ($^8_4$Be)

Empecemos conociendo que en el modelo del *Big Bang* clásico, los únicos elementos más pesados que se podrían sintetizar en el interior de las estrellas eran, el Litio y el Berilio.

En consecuencia, la producción de los elementos siguientes al Litio y al Berilio, se obtenía pues a través de varios procesos, incluida la Nucleosíntesis, dependiendo de múltiples factores, tales como: la intensidad energética, la distancia, la densidad o cantidad de las partículas (neutrones, protones, electrones, etc.) y la temperatura de las partículas con las que interactúen los átomos.

Dado que cada partícula o átomo genera o es generado, a partir de una reacción por fusión o por una desintegración radiactiva diferente, esto facilitó que, a partir de la desintegración de los neutrones y protones, la naturaleza pudiera ir añadiendo secuencialmente un protón y un neutrón a un determinado elemento del Tabla Periódica, para producir el átomo o elemento siguiente.

Hasta mediados del siglo XX, había un obstáculo para explicar la nucleosíntesis del **Carbono**, es decir, ¿cómo este elemento se había podido formar en el interior de las estrellas?

Fue el científico británico Fred Hoyle (1915 - 2001), quien perfeccionó las ideas básicas de la Nucleosíntesis, para buscar la forma como se producían los elementos en el interior de las estrellas y, con su trabajo, consiguió describir la cadena de reacciones, que tienen lugar en las diferentes fases de la evolución de una estrella, a través del proceso denominado triple-alfa, que involucra a tres núcleos de Helio (partículas alfa, ^4He) para crear el Carbono.

Entonces, con el proceso de la Nucleosíntesis, la Estrella Madre pasa a la siguiente fase.

3. Fase de la Rama Horizontal

Es una de las fases tardías de la evolución estelar de las estrellas de masa intermedia (0,5 masas solares < 9-10 ms) y con baja metalicidad.

3.1. Formación del Carbono

Cuando la temperatura de la región central de la Estrella Madre fue la adecuada, entonces comenzó a presentarse la reacción del **Helio** para producir Carbono, a partir de la unión del Helio con el Berilio, tal como: $^4He + {^8Be} \rightarrow {^{12}C} + \gamma \rightarrow {^{12}C}$, mientras alrededor del núcleo, se siguió fusionando Hidrógeno en Helio. Ello produjo que la Estrella se contrajera un poco, a la vez que aumentara su temperatura, convirtiéndose en una estrella de la **Rama Horizontal**.

El elemento clave de la química orgánica es el Carbono, el cual se pudo producir a partir de una reacción de fusión de tres núcleos de Helio-4, o partículas alfa α (^4He). Dicha secuencia se conoce como:

Proceso triple-alfa α (^{4}He). Fue gracias a este proceso, que fue el científico inglés Fred Hoyle, descubrió cómo se efectuaba el *salto* desde el Berilio-8 ($^8_4$Be), al Carbono-12 (^{12}C), según la reacción: ^{8}Be + ^{4}He → ^{12}C.

El proceso triple alfa, se presentó en dos etapas:

1) Dos núcleos de helio-4 (^{4}He) o partícula alfa ^{4}He, se fusionan en un núcleo de Berilio 8, así: ^{4}He + ^{4}He ↔ ^{8}Be. Se sabe que el Berilio es muy inestable, su vida media asciende a unos 10^{-18} segundos.

2) Si antes de desintegrarse el Berilio (^{8}Be), alcanza a colisionar con otro núcleo de Helio o si se le une un núcleo de Helio-4 (^{4}He), puede formar un núcleo de Carbono-12 (^{12}C) en *estado excitado*, tal como: **^{8}Be + ^{4}He → ^{12}C**.

Pero al ser tan inestable el Berilio-8 (^{8}Be), se espera que la colisión con la partícula alfa ^{4}He, rompa su núcleo, en vez de ligar las dos partículas. Si no se produce este paso, la cadena se rompe y no se forma el Carbono.

La solución de Hoyle fue que, además del estado de energía *fundamental* del Carbono-12 (^{12}C), debía existir otro de mayor energía, llamado *estado excitado*, el cual: «*debía tener una energía igual a la suma de la del núcleo de Berilio más la de la partícula alfa entrante, con lo cual, al colisionar los dos elementos, se formaría el núcleo de Carbono en estado excitado; pero sin superar el límite de energía, para que no se rompa*». Rápidamente el Carbono-12 (^{12}C), emitiría entonces un *fotón* (γ), llegando así a su estado estable:

$$^8Be + {}^4He \rightarrow {}^{12}C + \gamma \rightarrow {}^{12}C$$

El nivel de energía del carbono predicho por Hoyle fue inmediatamente verificado experimentalmente por William Fowler, quien recibió por ello un Premio Nobel de Física en 1983, compartido con Subrahmanyan Chandrasekhar, otro de los astrofísicos que estudiaron el interior de las estrellas. Cabe anotar que extrañamente, a Fred Hoyle no se lo incluyó en el Premio Nobel mencionado. ¡Desde aquí le rendo el homenaje que se merece tanto él, como Nikola Tesla y muchos otros genios, no galardonados que se lo merecían!

El calor desprendido en estas reacciones, aumentó todavía más la presión en la Estrella Madre, facilitando pues la conversión del *Helio y el Hidrógeno que quedaba*, en la formación de elementos tales como: **Litio** ($T + {}^4He \rightarrow {}^7_3Li + \gamma$), **Berilio** (${}^3He + {}^4He \rightarrow {}^7_4Be + \gamma$), **Boro** (${}^7Be + {}^1H \rightarrow {}^8_5B + \gamma$), **Carbono** (${}^8Be + {}^4He \rightarrow {}^{12}C + \gamma$), etc. y su contribución para que posteriormente, se formasen núcleos más pesados y complejos, como: Oxígeno, Nitrógeno, Silicio, etc., hasta llegar al elemento 26 de la Tabla Periódica, el Hierro (Fe)[8].

Gracias a que el Carbono es el elemento principal utilizado en las estrellas, en la producción de neutrones libres (**n**), se pudo generar el Magnesio (^{23}Mg), tal como: $^{12}C + {}^{12}C \rightarrow {}^{23}Mg + n$.

Por su parte, la combustión del **Carbono** en forma de $2^{12}C$, también puede generar otros átomos, tales como: otro tipo de **Magnesio** ($^{24}Mg + \gamma$), **Neón** ($^{20}Ne + \alpha$), **Sodio** ($^{23}Na + p^+$), etc.

Formación del Nitrógeno y del Oxígeno a partir del Carbono:

3.2. Formación del Nitrógeno

Mientras tanto, se daba otra reacción: la fusión de un núcleo de Carbono-12 ($_6^{12}C$) con un átomo de Protio ($_1^1H$), para generar Nitrógeno ($_7^{13}N$), con liberación de energía, fotón (γ), así:

$_6^{12}C + {}_1^1H \rightarrow {}_7^{13}N + \gamma$.

También se forma Nitrógeno estable ($_7^{14}N$) a partir del Boro ($_5^{10}B$) con una partícula alfa (^4He): $^{10}B + {}^4He \rightarrow {}^{14}N.$|

Igualmente se produce por desintegración o radiación Beta de neutrones, en elementos inestables: $_6^{14}C \rightarrow {}_7^{14}N + e^- + \bar{v}e$.

3.3. Formación del Oxígeno

Ya teniendo el Carbono (^{12}C), en una reacción adicional, se presentó la fusión de un núcleo de éste con otra partícula alfa (^4He), para dar Oxígeno (^{16}O) estable, con liberación de energía en forma de fotón gamma (γ), así: $^{12}C + {}^4He \rightarrow {}^{16}O + \gamma$, ó $^{16}O + \gamma \rightarrow {}^{16}O + n$.

Como resultado de estas reacciones, se formaron grandes cantidades de Carbono y Oxígeno. Son por tanto estos dos elementos, las principales cenizas de la combustión del Helio.

Las resonancias nucleares que dan lugar a tales cantidades de Carbono y Oxígeno, se citan generalmente como evidencia de ello.

La combustión del Oxígeno en forma de $2^{12}O$, también puede generar otros átomos, tales como: el **Magnesio** ($^{24}Mg + 2a$), el **Silicio** ($^{28}Si + \alpha$), **Azufre** ($^{31}S + n$), **Fósforo** ($^{31}P + p^+$), etc.

3.4. Formación de otros átomos

Simultáneamente la estrella empieza a consumir Carbono y Oxígeno, parte de los cuales va transformándose secuencialmente, generando más átomos, tales como: Silicio, Fósforo, Neón, Azufre, Flúor, etc., hasta completar con el Hierro, los primeros 26 elementos de la Tabla Periódica, así:

- **El Silicio (Si)**. Este elemento se generó a partir del Aluminio (Al), mediante desintegración Beta, así: $^{28}Al\ (\beta^-) \rightarrow\ ^{28}Si$

- **El fósforo (P)** a partir del Oxígeno, así: $^{16}O + ^{16}O \rightarrow\ ^{31}P + ^{1}H$

- **El azufre (S)** a partir del Fósforo (P) mediante desintegración Beta, así: $^{32}P\ (\beta^-) \rightarrow\ ^{32}S$. También se puede generar a partir del Silicio, según la siguiente reacción: $^{28}Si + ^{4}He \rightarrow\ ^{32}S + \gamma$

Los elementos químicos: Hidrógeno, Carbono, Nitrógeno, Oxígeno, etc., se sintetizan en el corazón de las estrellas y posteriormente van a ser también fundamentales para la Vida en la Tierra, como lo sabremos cuando leamos el Libro «*El Origen de la Vida a partir de una Bacteria*», en el cual veremos cómo en nuestro Planeta, se presentó la conversión de la materia *inorgánica* [$6CO_2 + 6H_2O$ + energía (fotones)] a materia *orgánica* (Azúcar: $C_6H_{12}O_6$), el primer carbohidrato de la Tierra.

La fase de **Gigante roja** termina cuando el Helio se enciende mediante el *Proceso triple-alfa*. Esta nueva reacción nuclear vuelve a estabilizar la estrella evitando su colapso y de paso, formando un nuevo núcleo, esta vez de Carbono y un poco de Oxígeno.

Cuarta Etapa: Rama Asintótica Gigante (AGB). Núcleo de Carbono

De acuerdo a las investigaciones científicas, se puede esclarecer, aún más, la evolución de la Estrella Madre.

Efectivamente, pudimos conocer que en el escenario evolutivo quedaba una pieza por encajar, esto es que, las estrellas de masa intermedia como nuestra Estrella Madre (entre 9-10 masas solares), ya casi al final de sus vidas, entran en la denominada **Rama Asintótica Gigante (RAG)** o (AGB), en la cual, al agotarse el Helio del núcleo, se iniciará una nueva expansión de la estrella y como ya es rica en Carbono, el Helio empezará también a fusionarse en una nueva capa alrededor de un Nuevo Núcleo denominado:

Núcleo de Carbono. El Carbono va descendiendo pues al núcleo, siendo ahora su nuevo combustible, mientras la temperatura superficial de la estrella se reduce, su volumen aumenta hasta un tamaño casi el doble del que consiguió en la fase de gigante roja.

Es aquí cuando la estrella comienza otra etapa de su Evolución en la cual se producirán fascinantes fenómenos físicos y *químicos*, tales como, la *Fotodesintegración* o proceso mediante el cual fotones ultra energizados facilitan la formación de nuevos átomos, tales como: el

Magnesio, el Silicio, el Fósforo, el Azufre, ... hasta llegar al Hierro, los cuales, cuando después la estrella entre en su agonía y explote, van a contribuir en la conformación del Polvo Cósmico, que servirá para ayudar a la formación de nuevas estrellas y cuerpos celestes, entre ellos el Sol y la Tierra.

Según los más recientes modelos evolutivos, en esta fase la Estrella que había permanecido relativamente estable, comienza una etapa de gran inestabilidad, producida por pulsos térmicos (difusión de calor), que se reflejan en fuertes pérdidas de masa por sus intensos vientos estelares, generando lo que se denomina el tercer dragado. Una estrella puede perder más del 50 % de su masa durante la fase RAG.

Es más, si la estrella fue lo suficientemente grande, como debió ser nuestra Estrella Madre, atravesó fases sucesivas de combustión, formándose una estructura de *«capas de cebolla»*, cada una con una composición distinta y procesos diferentes. De esta manera se facilitó la fusión de elementos más pesados, donde las temperaturas y las densidades eran más elevadas. En estas condiciones los núcleos de Magnesio (^{24}Mg) y Silicio (^{28}Si), se fusionan con partículas alfa (α), sintetizando: Argón (^{36}Ar), Calcio (^{40}Ca), Titanio (^{48}Ti), Cromo (^{52}Cr) y, así sucesivamente hasta terminar en Hierro (^{56}Fe).

Hasta dónde pueda llegar la cadena de sucesivas fusiones, dependerá de lo masiva que sea la estrella. Aquellas que alcanzan un *estadio final*, se denominan Gigantes *Azules y Supergigantes Rojas* y la vida que les queda, generalmente es muy breve.

Sólo las estrellas que acaban su vida como Supernovas, son capaces de producir los restantes átomos más pesados que el Hierro. En la explosión de una Supernova se produce la energía suficiente, para que los núcleos pesados, absorban neutrones y protones, convirtiéndose en núcleos tan grandes como el de Uranio.

3.5. Cambios en la composición y propiedades químicas de los átomos en la Estrella Madre

Ojo amigos a lo que sigue: De acuerdo a las investigaciones, ahora sabemos que, a partir de dos elementos **gaseosos** (Hidrógeno y Helio), el elemento siguiente (Litio), es un **metal alcalino**; el siguiente (Berilio), es un **metal alcalinotérreo**; el siguiente (Boro), es un **metaloide** y, así sucesivamente. Es decir, cómo la adición de protones, neutrones y electrones en los elementos transforma su composición, sus propiedades, etc.

Quinta Etapa: Núcleo de Hierro (Fe)

Cuando la estrella ha producido la mayor parte de otros elementos como el Carbono, el Silicio, etc., se da lugar a la formación de su último elemento, el **Hierro**, el cual entra a formar un *nuevo núcleo*, el del **Hierro**, a manera de un gran fluido.

Ahora el núcleo de la Estrella está compuesto básicamente por: Hierro (Fe) fluido, formado a partir del Manganeso (Mn), mediante desintegración Beta, así:

$^{54}Mn\ (\beta^-) \rightarrow\ ^{56}Fe$

El Hierro (Fe), es el elemento final a partir del cual la fusión nuclear deja de ser una reacción aprovechable y exotérmica, porque este elemento no sirve como combustible, por lo que la estrella es incapaz de continuar generando energía.

La densidad y la presión aumentan en el centro de la estrella, por lo que el núcleo se contrae bajo la enorme presión que ejercen sobre él todas las capas de material donde están los elementos más pesados.

Ahora el núcleo se vuelve más compacto y la alta temperatura provoca la fotodesintegración o ruptura del núcleo de Hierro, por la incidencia de los rayos gamma (γ) de alta energía (fotoelectrones), produciendo partículas alfa (^{4}He) y más **neutrones** (n), así:

$\gamma + {}^{56}Fe \rightarrow 13\,{}^{4}He + 4n$.

La infinita cantidad de estos nuevos **neutrones (4n)** producto de la fotodesintegración del Hierro van formando isótopos de éste, haciendo desaparecer el núcleo de Hierro.

Simultáneamente se presenta la fotodesintegración de las partículas alfa (^{4}He), generando más **neutrones** (n) y protones (p), así:

$\gamma + {}^{4}He \rightarrow 2p + 4n$

Este otro resto de infinitos **neutrones libres (4n)** empieza a agruparse y a formar como un nuevo estado o un *nuevo núcleo*, compuesto por algo que los astrofísicos llaman materia degenerada, aunque en realidad se trata de un nuevo estado plasmático, un fluido gaseoso e hirviente de quarks, gluones, neutrones, más los protones y electrones que interactúan en un proceso conocido como captura electrónica mediante el cual éstos se transforman en más neutrones. Ahora bien, gracias a que el número de neutrones es infinitamente mayor que el resto de las partículas, se va conformando un **Plasma de Neutrones**, que a su vez, se va transformando en una Estrella de Neutrones, en la cual éstos se van desintegrando y transmutando en Hidrógeno.

Esta Estrella, finalmente se transforma en una joven Estrella quemando Hidrógeno como lo hace el Sol y, si su tamaño es el adecuado, en su agonía terminará transformándose de nuevo en una Estrella de Neutrones. Recordemos que la naturaleza es muy cíclica.

¡Esta puede ser la receta de los procesos físicos y químicos que constituyen el Universo cósmico!

El Universo Óptico en el cual vivimos, está lleno de Estrellas de Neutrones provenientes de núcleos de Hierro fluido, fotodesintegrados. Ellas son las semillas para la formación de nuevos cuerpos y materiales cósmicos. Su tamaño es ligeramente mayor que el de nuestro Sol, aunque puede llegar a duplicarlo.

Cuenta regresiva y agonía de la Estrella Madre

Sexta Etapa: Según la ciencia, el Hierro (Fe) ubicado en el núcleo, ya no podía dar más energía para poder fusionarse en elementos más pesados, sino que ahora requería energía, debilitando de esta manera a la Estrella Madre.

Entonces, la ya muy convulsa Estrella, no podrá sostenerse más por sí misma. De hecho, en la mayoría de ellas, la fusión nuclear termina mucho antes; pero como nuestra estrella era lo suficientemente grande y caliente, se le facilitó la producción de **Hierro**.

Cuando finalizan las reacciones de fusión en una estrella, en su agonía, su núcleo se contrae, se calienta extremadamente y se vuelve cada vez más denso, hasta tal punto, que los átomos de Hierro que lo integran, se descomponen en neutrones y protones e inclusive pueden descomponerse en partículas elementales formándose temporalmente Plasmas de quarks y Gluones, que luego se transformarán en un **Plasma de Neutrones**.

La desestabilización definitiva ocurre cuando la masa del núcleo de Hierro alcanza un límite más allá del cual, ya no es capaz de contrarrestar la fuerza de la gravedad, generando varios dragados con fuertes pérdidas de masa.

Debido a ello y a los intensos vientos estelares, se forma alrededor de la estrella una Envoltura Circumestelar (EC) de gas y polvo cósmico. Esta EC, es como si fuera una cáscara que no está unida gravitacionalmente al núcleo. Esta EC, contribuye también a alterar las propiedades de la superficie de nuestra *estrella* y de sus alrededores y, entonces empieza a colapsar.

En las corrientes provocadas por los pulsos térmicos, el material circundante de la estrella, emite potentes *máseres* (que son excitaciones o estimulaciones electromagnéticas, que emiten microondas, semejantes a las de un láser) de monóxido de Silicio (SiO) que es sensible a la humedad y moléculas de Hidroxilo (OH) o anión OH-, esto es, los átomos de Hidrógeno y de Oxígeno pudieron haberse unido, creando máseres de agua (H_2O) en forma de gas disuelto, como también grandes cantidades de polvo cósmico, que luego contribuyeron a alterar las propiedades de la superficie estelar y de sus alrededores.

Llega pues el momento final de nuestra Estrella Madre y todo el material de la *Envoltura Circumestelar* es expulsado en una gran explosión, transformándose en una Nebulosa Planetaria o en una Supernova, mientras ahora su **núcleo** que era un Plasma de Neutrones se ha convertido en una: **Estrella de Neutrones**.

De esta manera, le sobrevino su agonía y transformación, terminando en la que podemos denominar otra gran explosión (*Big Bang*) de dimensiones astronómicas, con una extraordinaria emisión de energía y de materia en todas las direcciones y, con las semillas (átomos, moléculas y burbujas incandescentes), para la formación de todas las estrellas y cuerpos celestes que conformarían el Universo. Este colapso gravitacional provocó un incremento en la curvatura del espacio-tiempo, con un cambio de temperatura, facilitando que empezara a romperse el equilibrio de la Estrella de Neutrones y se iniciara su evolución hacia la formación de una Estrella Nueva.

Podríamos afirmar que esta gran explosión, bien podría considerarse la mejor expresión de un *Big Bang*, aunque vimos que la primera y más bella Explosión, se generó con la Primera Ruptura de Simetría.

Y ahora, podemos exclamar que: De esta manera, nuestra Estrella Madre, seguramente terminó su existencia, transformándose en una **Estrella de Neutrones** rodeada por inmensas nubes de polvo cósmico, cúmulos gaseosos de Oxígeno, Hidrógeno, Carbono, etc., variedades de burbujas incandescentes de distintos elementos (entre ellos, de

Hidrógeno), bloques de materia hirviente, todo formando una gran Nebulosa o una Supernova.

Este escenario juega un papel crucial en la formación de nuevas estrellas que vuelven a terminar en Estrellas de Neutrones, o en Enanas Blancas o en Agujeros Negros (que conducirían a la formación de Agujeros Blancos), más Nebulosas o Supernovas, en las cuales se formaron algunos de los átomos siguientes al Hierro.

Las tres formas de muerte posible de una estrella

Según las teorías científicas, el *núcleo* de nuestra Estrella Madre debió terminar convertido en:

1). Una **Enana Blanca (EB)**. Si el tamaño de una estrella es menor que 8 masas solares, acabará convertida en una Nebulosa Planetaria (NP) + una Enana Blanca, rodeada de polvo cósmico y remanentes estelares. Se cree que el destino de las Enanas Blancas en enfriarse, apagarse y cristalizarse lentamente hasta formar hipotéticas enanas negras.

2). Una Estrella de Neutrones. Si el tamaño de la Estrella Madre, al entrar a la etapa de Secuencia Principal fue mayor a 8 masas solares, acabó explotando y convirtiéndose en una Nebulosa Planetaria o en una Supernova + una Estrella de Neutrones o remanente estelar, rodeada también de polvo cósmico y otros remanentes; pero esta Estrella de Neutrones no era sólo un núcleo superdenso sino que era un estado plasmático, fluido gaseoso e hirviente de quarks, gluones, neutrones, protones y electrones. Ella cual no colapsa, debido a la presión debida a la parte repulsiva de la interacción entre los protones y los neutrones, que se encuentran libres alrededor de ella.

3). Un **Agujero Negro**. Cuando la masa (materia) es superior a 30 masas solares, las estrellas queman toda su energía, por lo que solo queda un espacio tan reducido como un agujero negro.

Lo anterior nos lleva a concluir que, en ese Universo primigenio, la Estrella Madre sólo podía terminar su vida con su núcleo convertido en una **Estrella de Neutrones**, ya que ésta al desintegrarse, sí cumple con el requisito de formar un nuevo núcleo donde se queme el Hidrógeno, se inicie una nueva etapa de Secuencia Principal, se forme luego el Helio y se continúen las etapas ya descritas.

El siguiente es el escenario que reproduce la transformación de la *Estrella Madre* y de las estrellas posteriores, tras su muerte

Estrella con masa menor que 6 masas solares →	Produce: una Gigante Roja, más →	Una Enana Blanca + Polvo Cósmico
Nuestra Estrella Madre con masa mayor a 8 masas solares →	Explosión en una Nebulosa o en una Supernova, más →	Estrella de Neutrones + Polvo Cósmico
Masa mayor que 30 masas solares →	Explosión en una Supernova, más →	Agujero Negro + Polvo Cósmico

CAPÍTULO V

La herencia de la Estrella Madre

El Alba Galáctico: De la Estrella Madre a la Vía Láctea

Vimos cómo a medida que nuestra Estrella Madre evolucionaba, iba generando a su vez, las semillas de lo que sería el Universo, después de su muerte, cuyo final, fue una gran explosión (Big Bang), en la cual se mezclaron los distintos elementos (átomos y moléculas) que se expandieron por el espacio, generando nuevas estrellas y demás formaciones y cuerpos celestes.

1. Un Universo nuevo

El examen de las pequeñas variaciones en el fondo de radiación de microondas (CMB), proporciona información sobre la naturaleza del Universo, incluyendo al parecer, su edad, la cual ahora está siendo muy discutida. La edad a partir de la primera Ruptura de Simetría se desconoce; pero la edad del universo desde la gran explosión, Big

Bang, según la información actual proporcionada por el WMAP de la NASA, se estima en unos 16.700 millones de años, con un margen de error de un 1 %.

Aunque los científicos ahora han calculado que el Universo presenta un horizonte a una distancia de ≈ 45.500 millones de años luz, lo cual implicaría más del triple de la edad del Big Bang. Otros métodos de estimación ofrecen diferentes rangos de edad, desde 13.800 millones hasta algo más de 20.000 millones de años luz[9].

Las investigaciones científicas, han dejado claro que, gracias a la Evolución de la Energía y la Materia, parte de la energía-masa del Universo primigenio se transformó en materia, presentando diferentes metamorfosis hasta formar la Estrella Madre y los eventos que sucedieron luego, cumpliendo así la naturaleza sus propias leyes y, de su laboratorio, emergió el Universo y con él la Vida.

Efectivamente nuestra Estrella Madre, en su agonía y dado su tamaño, explotó transformándose en una Nebulosa Planetaria o en una Supernova + una Estrella de Neutrones.

Así se formó un Universo nuevo constituido, entre otras, por:

- Una Nebulosa o una Supernova primitiva, que eran regiones constituidas por gases hirvientes, algunos en forma de burbujas principalmente de Hidrógeno, Helio, etc., así como por grandes cantidades de polvo cósmico e inmensos bloques de materia incandescente, en forma de grandes cuerpos celestes, que habían salido lanzados en todas las direcciones, algunos de los cuales a su vez, colisionaron fragmentándose en cuerpos más pequeños, formando bolas de fuego, mientras que otros inmediatamente se iban uniendo por la fuerza de la gravedad, formando protoestrellas de todos los tamaños y remolinos a manera de grandes espirales.

- Una Estrella de Neutrones de la cual se generaría inmediatamente una nueva Estrella en su etapa de Pre-secuencia Principal

- Moléculas de Hidroxilo (OH), esto es, Hidrógeno + Oxígeno que, al unirse, pudieron crear máseres de agua (H_2O) en forma de gas disuelto. Además, Máseres de monóxido de Silicio (SiO), que es sensible a la humedad.

- Generación de ondas electromagnéticas esparciendo energía por todas partes. Así como la Generación de las primeras ondas u «olas gravitacionales» o perturbaciones que generaron la curvatura del espacio-tiempo a manera de ondas propagadas a todo su alrededor.

De hecho, los científicos están considerando la posibilidad de que las nuevas estrellas, entre ellas nuestro Sol, se han podido formar tanto a partir de **Estrellas de Neutrones** como de las **Burbujas de Hidrógeno**, de los bloques de materia hirviente, etc., que salen lanzadas al aire en todas las direcciones cuando explota una estrella.

En cuanto a la formación de los demás cuerpos celestes, tales como: los planetas (la Tierra, Venus, Júpiter…), los satélites naturales (la Luna, Ganímedes, Tritón…), los cometas (Halley, Borrelly…), los meteoros, etc., ellos se forman del *polvo cósmico*, de los cúmulos de gases de Hidrógeno, Helio, Carbono, etc., de los bloques de materia hirviente; en fin, de todo lo que esparcen las estrellas cuando al final de su vida, explotan formando una Nebulosa o una Supernova.

Gracias pues a la evolución de la Estrella Madre, tenemos muchas de las leyes de la física y de la química, como también las semillas que contenían todos los elementos (átomos y partículas) necesarias, para la formación de nuevas estrellas y de muchos cuerpos cósmicos incluidos el Sol, la Tierra y todo lo que nos rodea, así como también las semillas de la Vida en nuestro planeta: el Carbono, el Oxígeno, el Hidrógeno, el Nitrógeno, el Fósforo, etc., facilitando que luego presenciáramos el *«Verdadero Origen de la Vida a partir de una Bacteria»*.

2. ¡Y todo quedó listo para la formación del Universo que nos rodea!

Se estima que, en el universo observable, existen al menos 2 billones de galaxias, que pueden contener hasta 10^{14} estrellas. De hecho, nuestro sistema solar y la Tierra se ubican en la actualidad en una de tantas galaxias, denominada la Vía Láctea, en la cual existen subestructuras, tales como: nebulosas, cúmulos estelares y sistemas estelares múltiples. Todo esto, gracias a la evolución de la Energía y la Materia, que facilitó la generación de la primera estrella o Estrella Madre con sus cambios y metamorfosis, que condujeron a la formación de las siguientes estrellas, entre ellas el Sol.

3. Nuestro Hogar en el Cosmos: El Nacimiento del Sol y la Tierra

Dentro de esta danza cósmica, en nuestra galaxia, la Vía Láctea, que se formó hace unos 13.300 millones de años, fue seguida por la aparición de muchos cuerpos celestes hasta el surgimiento de nuestro Sol hace 4.600 millones de años. *¡Y se generó de la semilla (Estrella de Neutrones) que dejó una estrella, tras su muerte y transformación!*

Como en la naturaleza todo lo que se transforma se puede reutilizar, fue esto lo que sucedió con la *gran explosión de alguna estrella*, la cual proporcionó que se generara una **Nebulosa Planetaria** o una **Supernova** (formadas con los elementos que arrojó la estrella moribunda) + **una Estrella de Neutrones** o Núcleo libre remanente, más ingentes cantidades de polvo cósmico. Todos estos fueron los componentes con los cuales, luego de varios procesos, se formaron nuevas estrellas, entre ellas el Sol.

Cuando investigué la formación del Sol, encontré muchas teorías, sin embargo, siguiendo con el texto, elegí dos, para saber cuál de éstas cumple con el requisito de formar un **núcleo estelar**, donde se queme el Hidrógeno y se forme un plasma de este elemento, como está ocurriendo ahora en el Sol y otras estrellas, así:

3.1. A partir de una Enana Blanca

Una **Enana Blanca** es el núcleo estelar que queda después de que las estrellas de baja masa, han perdido sus capas externas y su envoltura, se ha convertido en una nebulosa planetaria. La **Enana Blanca** se contrae debido a la fuerza de gravedad, formando un **núcleo** del material de electrones degenerados. Ellas tienen una baja luminosidad, debido a que pierden energía lentamente, por lo que pueden permanecer en esta etapa en el orden de 10^9 años. Además, se cree que su destino es enfriarse, apagarse y cristalizarse lentamente hasta formar hipotéticas enanas negras.

De acuerdo con este conocimiento, *la Enana Blanca no cumple con el requisito de poder formar* **un núcleo**, donde tenga lugar la fusión del Hidrógeno y su transformación en Helio y, adicionalmente, un manto (zona Convectiva), que transmita la energía generada hacia la superficie. Aunque según el científico indio S. Chandrasekhar: *«una Enana Blanca, puede colapsar en una estrella de neutrones o en un agujero negro»*. Hemos de saber que en un Agujero Negro se podría crear un hipotético *Agujero de Gusano* cuyas reacciones conducirían a la formación de un *Agujero Blanco* y los sucesos asociados.

3.2. A partir de una Estrella de Neutrones

Las últimas investigaciones conducen a considerar que la **formación del Sol** fue a partir de una **Estrella de Neutrones**, la cual es un *núcleo* o parte sobrante de una estrella, tal como un *núcleo libre*, resultante del colapso gravitacional de una estrella masiva, como lo fue la Estrella Madre, que al final de su vida explotó, convirtiéndose en un núcleo o Estrella de Neutrones rodeada por una nebulosa planetaria, por gases y polvo cósmico.

Dicho *núcleo* o tipo de remanente estelar o Estrella de Neutrones, es en realidad un nuevo fluido gaseoso e hirviente de quarks, gluones, neutrones, más los protones y electrones que interactúan en un proceso conocido como captura electrónica mediante el cual éstos se transforman en más neutrones. Ahora bien, gracias a que el número de neutrones es infinitamente mayor que el resto de las partículas, se va conformando un Plasma de Neutrones, que simultáneamente se va transformando en una **Estrella de Neutrones**, en la cual éstos se van desintegrando y transmutando, terminando convertidos en Hidrógeno.

Por lo tanto, una Estrella de Neutrones, *sí cumple* con el requisito de formar un nuevo núcleo donde se queme el Hidrógeno, se inicie una nueva etapa de Secuencia Principal, formando luego el Helio y nuevos plasmas de estos elementos, como está ocurriendo ahora en el Sol y otras estrellas, por lo siguiente:

A estas altísimas temperaturas, se produce la fotodesintegración o ruptura del núcleo de Hierro, debido a la incidencia de los rayos gamma (γ) de alta energía (fotoelectrones), producindo partículas alfa (^{4}He) y más neutrones (n), así: $\gamma + {}^{56}Fe \rightarrow 13{}^4He + 4n$. Las partículas alfa (^{4}He) también se fotodesintegran produciendo protones y más neutrones. Estas nuevas partículas, se unen al resto de neutrones libres y forman un Plasma con una altísima temperatura, que termina conformando una **Estrella de Neutrones**, donde los neutrones libres empiezan a desintegrarse y a transmutarse nuevamente en: Pentaquarks, piones, bosones de Higgs y $W^\pm$.

Estas 4 partículas, a su vez, terminan convertidas en: protones (p^+) y electrones (e^-), los cuales se atraen ($p^+ \leftrightarrow e^-$), facilitando la generación de nuevos e infinitos átomos de Hidrógeno, que darían lugar, a la formación de un nuevo *Plasma de Hidrógeno* generando así una nueva estrella. ¡Y esta nueva estrella, fue el Sol!

Algunas teorías acerca de la formación de las estrellas, se refieren a que este proceso se realiza a través de un disco de acreción, una estructura compuesta por un flujo de gas y polvo cósmico, girando en torno a una *Estrella de Neutrones*, a partir del cual, la estrella gana masa; o que bien pudieron formarse después de que varios objetos de baja masa se fusionaron, generando otros más masivo.

Por falta de conocimientos suficientes, algunos se refieren a la Estrella de Neutrones, como un cadáver superdenso, cuando en realidad *ella es una de las semillas, a partir de las cuales germinan nuevas estrellas.*

De manera similar a como en una manzana u otra fruta en descomposición, el *cadáver* es la *fruta* (en nuestro caso es la Estrella Madre en su final), *no la semilla* (la Estrella de Neutrones).

Así como de la semilla de la manzana nace una nueva planta, así también de cada Estrella de Neutrones, nace una nueva estrella, tal como sucedió con el Sol.

La ciencia tiene que ser objetiva, independiente, no puede aferrarse a teorías canónicas de escuelas científicas no actualizadas, porque corre el riesgo de flotar en verdades relativas y muy discutibles.

No deja de maravillarnos la capacidad de la naturaleza para actuar como si siguiera un diseño o un patrón. Efectivamente, como ya vimos, es sorprendente saber que los 26 átomos que se forman en las estrellas, luego en la agonía y desintegración de éstas, son arrojados en el polvo cósmico, el cual ayuda a la formación de otros cuerpos celestes, tales como: nuevas estrellas, el Sol, la Tierra, etc. y, con ellos, la formación de nuestro Hogar en el Cosmos: El Nacimiento de la Tierra hace 4.550 millones de años y la generación de la Vida en ella, unos mil millones de años después y, todo ha evolucionado hasta poder presenciar este maravilloso mundo que nos rodea.

Y cómo, dentro de estos 26 átomos, existen seis muy especiales: Hidrógeno, Carbono, Nitrógeno, Oxígeno, Fósforo y Azufre, que podemos considerar como las semillas, que facilitaron la generación la Vida en la Tierra, donde las condiciones lo permitieron.

3.3. Formación del núcleo del Sol

Vimos antes que, en cualquier sistema, formación o cuerpo masivo, toda la materia que lo constituye es atraída hacia un centro del sistema por su propia fuerza gravitatoria. Aun así, la Estrella de Neutrones seguía en equilibrio, ya que la creciente presión que actuaba intentando expandir el sistema, era compensada con la fuerza de gravedad que actuaba atrayendo el gas Hidrógeno hacia el **núcleo de la estrella en formación** y de alguna manera, comprimiéndolo y formando un fluido en el interior de ésta.

El proceso siguió así hasta que se inició, en el núcleo, la ignición del Hidrógeno. Entonces la presión aumentó drásticamente, generando fuertes corrientes en forma de flujos, que barrieron y expulsaron el resto del material que pudiera estar envolviéndola. Se conformó así, *un núcleo fluido convectivo*, esto es, que sus movimientos a manera de vapor (ebullición), transferían la energía hacia capas superiores. La nueva estrella, es decir, el Sol, se estabilizó y entró en la **Secuencia Principal**, esto es, en la que está actualmente, quemando Hidrógeno en su interior y transformándolo en Helio, etapa en la que transcurrirá la mayor parte de su vida.

Actualmente, la fusión nuclear en el núcleo del Sol ha modificado su composición mediante la conversión del Hidrógeno en Helio, por lo que ahora, la parte más interna del Sol es más o menos un 60 % de Helio y algunos elementos más pesados, sin ser alterados. Debido a que el calor se transfiere desde el centro del Sol por radiación, en vez de por convección, ninguno de los productos de fusión del núcleo, ha llegado a la fotosfera.

Entonces, con en el nuevo Universo al cual pertenecemos, se inició otra etapa de claridad y esplendor. Más estrellas lo iluminaron en todas las direcciones, hasta formar el espectáculo que vemos hoy, cuando miramos el firmamento.

4. Nuestro pequeño hogar en el Cosmos: El Planeta Tierra

Vimos que en la actividad cósmica de nuestra galaxia, la Vía Láctea, se formó el Sol, seguido por el surgimiento de nuestro Planeta Tierra hace 4.550 millones de años. Los científicos han podido obtener mucha información sobre el origen de la Tierra, a partir de los remanentes que quedaron de la formación del Sol, a través de un proceso de acreción o acumulación del Polvo Cósmico y gases provenientes de una estrella, que en la etapa final de su evolución, produjo la nebulosa solar.

Para quienes buscan una comprensión más profunda de estos temas, el Libro: **«El *Origen de la Vida a partir de una Bacteria*»**, cuyo autor es Javier Arias, ofrece una explicación detallada y reveladora de muchos eventos fascinantes, como que la energía solar facilitó la transformación de moléculas *inorgánicas* a moléculas *orgánicas*, contribuyendo de así a la generación de la Vida en la Tierra, unos mil millones de años después de su formación y, todo ha evolucionado hasta poder presenciar este maravilloso mundo que nos rodea.

El Modelo Estándar cede el paso a una «nueva física» de partículas

Desde 1970, el Modelo Estándar de la física de partículas, describe los componentes básicos que conforman el mundo. También explica qué fuerzas actúan entre estas partículas elementales y nos permite comprender muchos fenómenos físicos.

Pero ahora los científicos tienen pruebas muy contundentes de la necesidad de una «nueva física» de partículas, debido al creciente aumento de observaciones que se desvían de las predicciones del Modelo Estándar.

Efectivamente, hay preguntas que esta teoría no puede responder. Por ejemplo, la mayoría de los investigadores asumen que el 95 % del Universo está compuesto de Materia oscura y Energía oscura, que aún no podemos detectar directamente con nuestros instrumentos de medición. La existencia de estos misteriosos componentes tampoco puede deducirse del Modelo Estándar.

Por lo tanto, muchos investigadores asumen que el Modelo Estándar ya no es la respuesta definitiva y, debe complementarse o incluso modificarse. Un número creciente de hallazgos experimentales también apuntan en esta dirección.

Por ejemplo, en el Laboratorio norteamericano de Física de Altas Energías (Fermilab), en el Gran Colisionador de Hadrones (LHC), ubicado en Ginebra y en otros laboratorios, han observado que algunas partículas elementales, tales como los fotones, los kaones, los muones, el quark fondo, el quark top, el bosón W, etc. se comportan de una manera no predicha por el Modelo Estándar, lo que significa que este manual así conocido, está incompleto.

Esto se debe a que muchas mediciones en los experimentos con base en este Modelo, pueden ser incorrectas o demasiado inexactas. Estas señales inusuales en sus datos pueden ser un indicio de la necesidad de una Física completamente nueva.

De hecho, los científicos creen que es posible la existencia de nuevas partículas, interacciones e inclusive un nuevo tipo de simetría en la

Física, que no están contempladas en el Modelo Estándar y que supuestamente podrían ocasionar anomalías o discrepancias. Y se formulan la siguiente pregunta: *«¿qué podría significar todo esto para el futuro de la física fundamental?»* Y se responden: *«Estamos viendo una parte del panorama que se encuentra más allá del Modelo Estándar, lo que en última instancia podría permitirnos desentrañar una serie de misterios».*

Y concluyen: «Estos misterios incluyen la naturaleza de la materia oscura invisible que llena el universo, o la verdadera naturaleza de los fotones y del Bosón de Higgs».

«Incluso podría ayudar a los teóricos a unificar las partículas y las fuerzas fundamentales o se podría estar apuntando a algo que nunca se ha considerado»

REFLEXIONES ACERCA DEL UNIVERSO

Es conveniente aprovechar para hacer de una vez, algunas reflexiones, de los temas ya vistos y de otros, así:

Empecemos con las preguntas y la afirmación de Stephen Hawking: «….¿Por qué estamos aquí? ¿De dónde venimos? ¿Cómo se comporta el universo? ¿Cuál es la naturaleza de la realidad? ¿De dónde viene todo lo que nos rodea? ¿Necesitó el universo un Creador?» y se respondió: «Tradicionalmente, estas son cuestiones para la Filosofía, **pero la Filosofía ha muerto**».

Los planteamientos de Hawking nos pusieron a pensar más allá de lo que habíamos entendido hasta ahora acerca del Origen de la Materia y del Universo, trayendo además a la mente, lo que ya han dicho varios autores, en el sentido de que el hombre no se deja encerrar en un cautiverio espiritual, esto es, tras las rejas de la ignorancia y de los cánones, sino que sigue optimista en el camino para desarrollar una nueva consciencia de sí mismo, en un Universo percibido, a través de una nueva visión de la realidad, proporcionada por una ciencia desinhibida de cánones y modelos que gracias a sus descubrimientos e invenciones, puede conferirle mejor sentido a la existencia.

No queremos decir que los científicos, los filósofos y en general los seres humanos, tengan que abandonar la religión y declararse ateos y entregarse por entero a la ciencia, para acercarse a la *Verdad*. Tampoco pretendemos que la ciencia pueda erigirse en una especie de religión ni que ésta última, se presente a sí misma como una ciencia que lo explica todo. De hecho, debería ser la Filosofía la que lo haga. El espiritualismo y la investigación científica deben ir de la mano, deben coexistir en la mente humana.

Ojalá no llegue demasiado tarde, el día que la ciencia pueda explicar el **Origen del Todo**, de una manera sencilla y comprensible para cualquier persona. Entonces ¿qué van a hacer los líderes espirituales fundamentalistas, con su erudición apoyada en misterios y rituales? Igualmente, ¿qué va a pasar con los filósofos teístas y con los que ignoran la física, la química y otras disciplinas científicas que ayudan a conocer la realidad objetiva?

La ciencia tiene que ser objetiva, independiente, no puede aferrarse a teorías canónicas, porque corre el riesgo de flotar en verdades muy discutibles. Y recordemos que la *verdad absoluta* sólo la tienen las religiones, ya que en el ámbito científico **la verdad es relativa**.

El verdadero papel de la Ciencia

Efectivamente, las respuestas a estos argumentos las han tenido desde hace mucho tiempo frente a sus ojos, tanto Hawking como muchos otros reconocidos físicos.

En efecto, Max Planck, padre de los Cuantos de Energía o Fotones y de la Física Cuántica; Einstein padre de la teoría de la Relatividad, de la Equivalencia entre la Energía y la Materia (E = mc^2) y de otras teorías; Luis Víctor de Broglie, conocido por el descubrimiento de la dualidad onda corpúsculo, propiedad que tienen los fotones, los electrones y algunas partículas elementales de comportarse como partículas o como ondas; Werner Heisenberg conocido sobre todo por formular el Principio de Incertidumbre, según el cual es imposible determinar con precisión absoluta que ciertos pares de magnitudes físicas (tiempo, posición espacio, movimiento), puedan ser observables simultáneamente.

Y así, una larga lista de verdaderos genios, de mentes verdaderamente privilegiadas, que pudieron inspirarse en ideas que vienen desde Newton (1642-1727) quien sostenía que: «*el espacio tenía características sustanciales, **Éter**, que es algo similar a un atributo, a una sustancia transparente, a una propiedad, de hecho, a una propiedad de Dios*».

La ciencia ha de ser un saber razonado con fundamento en la experimentación, en el conocimiento y en la comprobación. A medida que la ciencia va aclarando los hechos y fenómenos, ella podría sustituir el mito (llámese fe, misterio o creencia) o su carácter sagrado y la realidad objetiva abriendo espacio al razonamiento, a la observación y a más experimentación, de tal manera que el hombre pueda ir acercándose a verdades más comprobadas, que le van corriendo el velo a las creencias y a los misterios.

La física y por su lado la química, han estado en condiciones de explicarnos inclusive, el tránsito de la materia inorgánica a la orgánica, esto es, ***de la no Vida a la Vida***; nos han dado muchos fundamentos para explicar y entender la realidad objetiva. La física y en general la ciencia no crearon el Universo; pero con sus observaciones y experimentos, pueden explicarnos como se generó ***todo*** a partir de la energía-masa de unos fotones energizados; pueden explicar: cantidades, volúmenes, formas, propiedades, leyes, formulaciones, formalidades, avances y otros aspectos relevantes.

Es a la Filosofía y a la teología a las que sin dejar de lado su oficio, también les corresponde seguir muy de cerca los pasos a la ciencia para no quedarse con explicaciones fuera de contexto. La Filosofía de este siglo tiene que abrirse a la ciencia; debe orientar sus explicaciones tan pronto se presenten los avances científicos, cuyo conocimiento y dominio es obligatorio para todo filósofo.

Entonces, la Filosofía no ha muerto, sino que, como la física cuántica y otras ciencias, han estado enfocadas más al aspecto científico, que al filosófico, ha sido difícil encontrar la explicación, al verdadero origen de la Materia y del Universo y como en este caso, la Filosofía se nutre de la ciencia y mientras ésta no aclare suficientemente estos campos, tampoco podrán hacerlo la Filosofía y otras disciplinas.

Por ejemplo, la ciencia con el **Modelo Estándar (SM)** de física de partículas, que une la física cuántica y la relatividad, no ha podido ver (por ser transparente), la verdadera partícula elemental de primera generación, el **Fotón**, originaria de la **Materia** y del Universo, que ha estado y sigue estando en el infinito firmamento. Ella es transparente, con energía-masa de punto cero y vida perdurable. Mientras tanto, ha tenido que resignarse a creer que tal partícula, puede ser el bosón de Higgs, una partícula de «**materia**», con vida muy corta y no de primera, sino de cuarta generación, producida en la desintegración de protones y neutrones, como lo vamos a ver en este libro.

Ha de quedarnos claro que, entonces, no es que la Filosofía haya muerto, sino que tendrá que esperar hasta que los órganos canónicos, tales como: el Modelo Estándar de la física de partículas que une la física cuántica y la relatividad, los defensores de la teoría de del Big Bang, del Bosón de Higgs, etc., se vean obligados a revisar sus teorías.

Además, tuvimos la fortuna de ser invitados a la casa campestre de David, un antiguo compañero de la Universidad y, para nuestra sorpresa no se trataba de una cabaña o algo así, sino de una inmensa y hermosa casa con espaciosos jardines a su alrededor y dotada con las más modernas comodidades exigidas por las costumbres actuales.

Naturalmente, los que más nos llamó la atención, fue un bello salón dentro del cual se había construido un cubículo de cristal con una temperatura adecuada para albergar algo así como la joya de la corona: una computadora cuántica.

Los hijos de nuestro amigo, (Jaime y Andrés) estudiosos de la física cuántica y de la *Física aplicada*, nos iban explicando sobre este grandioso avance de la tecnología moderna que se ha venido desarrollando desde comienzos de la década de 1980, inicialmente por Paul Benioff y Richard Feynman, y posteriormente por David Deutsch, quien describió el primer ordenador cuántico universal. Para estos procesadores en la actualidad se utilizan fotones, el tipo de partícula del grupo de los bosones que porta la luz.

Víctor, nos explicó lo más sobresaliente acerca de la informática cuántica, indicándonos que el éxito y la eficiencia en el procesamiento cuántico radica en que los científicos ya diseñaron los mecanismos y modelos para la manipulación óptica, mediante trampas y pinzas ópticas que les permitieron atrapar, almacenar y controlar los *fotones* en operaciones lógicas digitales, pudiendo reemplazar los dispositivos electrónicos (que utilizan electrones, esto es *fotones gamma*), por la *tecnología fotónica* (partículas de luz). Por supuesto estas trampas ópticas también permiten atrapar y almacenar átomos tales como micropartículas de silicio.

Pero para que todo el potencial que tiene la computación cuántica se haga realidad, es necesario que los procesadores cuánticos tengan capacidad de crecimiento y larga vida y, que los qubits (bits cuánticos) de silicio puedan comunicarse entre sí, emitiendo fotones de luz que faciliten un *enlace fotónico* entre los qubits, para que se integren con la tecnología de comunicaciones que permite que estos qubits se conecten entre sí a gran escala, en la misma banda que se utiliza en los centros de datos y en las redes.

El mayor experimento fotónico de ventaja cuántica conocido hasta la fecha corresponde al *procesador fotónico* canadiense, llamado Borealis, que es capaz de detectar hasta 219 fotones (125 de media).

Por su parte, IBM promete para 2024 procesadores de 1.386 qubits y en 2025 uno que tendrá 4.185 qubits. La integración de varios de estos chips permitirá escalar a rangos de 100.000 o más qubits.

Y continuó enterándonos de más avances: las computadoras cuánticas se pueden aprovechar para obtener nuevos conocimientos que nos permitirán esclarecer algunos secretos de los fotones, electrones, neutrones, protones y átomos que componen todo en el Universo, incluidos nuestros cuerpos, así como poder simular las mismas interacciones que se producen en un acelerador de partículas y así conocer mucho mejor los primeros momentos del universo.

Seguimos sorprendidos de sus amplios y profundos conocimientos sobre la *Física aplicada*, mientras continuaba dejando muy en claro que la computación cuántica proporcionaría una oleada de nuevos servicios, sobre todo en áreas donde se requiere el procesamiento de cantidades masivas de datos, como son la fabricación de medicamentos, el análisis molecular, los sistemas de predicción del clima, los servicios financieros, la inteligencia artificial, la criptografía, los sistemas de seguridad informática, simulaciones para la ciencia de los materiales y la química cuántica, factorización de números, análisis de big data y muchos otros.

En consecuencia, se ha aprovechado todo el conjunto de teorías, investigaciones, conocimientos, datos y avances científicos, para poder ofrecer este libro que esperaríamos podría redefinir el futuro de la ciencia pura, de la Filosofía y de otras ramas del saber.

El cosmos no es sólo la parte exterior del Universo que vemos a lo lejos, conformado por el Sol las estrellas y demás cuerpos celestes, nosotros también hacemos parte de él, ya que existe una energía cósmica que impregna y conecta todo lo que consideramos como vacío, que nos rodea en todo momento afectando nuestro cuerpo y nuestra mente. Esta energía externa de todos modos está conectada con nuestra energía interna, con nuestro cuerpo, imprimiéndole «fuerza de vida» para el desempeño de todas las actividades diarias.

Existimos como seres compuestos de energía y materia, en un Universo de energía-materia, donde todos los fenómenos son el efecto de las interacciones entre entidades de energía-materia.

Es por ello por lo que, aunque entre dos o varias personas o especies, pareciera que existe un vacío absoluto, en realidad no es así, porque entre ellas existe un intercambio de energía cuya circulación, aunque invisible, produce efectos de comunicación, de atracción, de unión o de separación, que afectan las interacciones entre ellas. Un ejemplo lo tenemos en la Telepatía o capacidad de comunicarse entre los humanos y otras especies distantes entre sí, sin que intervengan agentes físicos conocidos. Por ello, es muy importante estar siempre conectados con personas y con grupos donde todos trasmitan una energía y una actitud positiva, lo cual producirá excelentes resultados.

Algunos datos de interés y reflexiones finales

La verdad absoluta

Cuando plantee las hipótesis para este libro, tenía muchas inquietudes flotando en el ambiente, entre ellas: ¿dónde se creía que estaba la verdad respecto al **Origen del Todo**? La respuesta era que para poder responder a los interrogantes del hombre acerca de esto y del origen de sí mismo, era además, necesario que los filósofos buscaran objetivamente *la verdad* o lo que fuera más próximo a una verdad comprobable, sin comportase como los sofistas que arrogantemente afirmaban poseerla, difundiéndola en selectas Escuelas del Saber, tal como ellos las llamaban y predicándola con elaborados juegos de palabras, que nunca han aportado claridad en temas científicos.

La búsqueda de la **Verdad** tiene que estar separada de la fe ciega e incondicional y de lo estrictamente espiritual, ya que tenemos que enfocarnos es en pruebas racionales más que en argumentos de fe y de autoridad. Por supuesto, lo ideal sería que la ciencia y las religiones se mantuvieran unidas y compartieran criterios y conocimientos. Para ello es necesario adentrarse en el estudio de los hechos y fenómenos, que se caracterizan como naturales.

Sabemos que, aunque la Filosofía y cada una de las religiones, creen poseer **la verdad absoluta**, ellas aún no pueden explicar el origen y la realidad del Universo, de la naturaleza y de la Vida, con una argumentación razonablemente válida y por lo tanto aceptable.

Es muy comprensible que la fe y la espiritualidad, son los medios necesarios para tener comunicación con un Ser Supremo, con una Energía Suprema e inclusive para sentir su presencia; pero aquí se trata es de que, los filósofos busquen objetivamente en la ciencia, un acercamiento a la verdad, sobre los acontecimientos, los hechos y los fenómenos de la naturaleza, que puedan finalmente explicar muchos interrogantes fundamentales del hombre, sin que se pretenda alcanzar la **verdad absoluta**, ya que científicamente, esta no existe,

La afirmación de Stephen Hawking de que: «... *la Filosofía ha muerto*», más parece un reclamo de este extraordinario físico del siglo XX - XXI, esperando obtener las respuestas a sus interrogantes de una ciencia desactualizada, esto es, de la Filosofía, mientras estas respuestas se encuentran es en la realidad objetiva. Pero tanto él como muchos otros científicos, habrían encontrado las respuestas si hubieran tenido la curiosidad de indagar más atrás del Big Bang y la Inflación Cósmica, tal como yo decidí hacerlo.

Muchos importantes filósofos han sugerido que, hablando de la creación del Universo, la ciencia debe ir de la mano con la religión y la Filosofía; pero esta es una pretensión errática, ya que son la religión y la Filosofía las que deben enriquecer sus explicaciones con las luces que van proporcionando los avances de la ciencia.

Es a los manejadores de la Filosofía y de la Teología a los que les corresponde seguir muy de cerca los pasos a la ciencia para no quedarse con explicaciones fuera de contexto. La Filosofía de este siglo tiene que abrirse a la ciencia; debe orientar sus explicaciones tan pronto se presenten los avances científicos, cuyo conocimiento y dominio es obligatorio para todo filósofo.

Las teorías físicas de los científicos han tenido un papel destacado en el desarrollo de las concepciones filosóficas, retroalimentándose mutuamente. Esto fue notorio a partir de Descartes, Newton, Kant y otros, llegando a ser muy importante en el siglo XX, cuando la teoría de la relatividad dio lugar a un análisis minucioso de asuntos tradicionalmente objeto de estudio de la Filosofía, como la naturaleza del tiempo y del espacio, ampliando el esfuerzo con mayor dedicación, al estudio de la naturaleza de la energía, de la materia y de las interacciones entre éstas.

Esto me ha permitido reafirmar mi posición, de la que siempre he estado convencido y, es que el limitado conocimiento que tenemos del Universo no debe ser deducido partiendo de principios *a priori*, sino que debe sustentarse y nutrirse continuamente de la interacción con la realidad objetiva, que se presenta precisamente como un sistema físico abierto.

Las respuestas científicas varían de acuerdo a muchas variables. Para comprender mejor todo el devenir del universo, tenemos que emprender la reconstrucción científica y filosófica de la **memoria del Universo**, mediante un proceso causa-efecto-causa…efecto, (*causalidad*). Porque no puede existir un *efecto* sin *causa* y toda *causa* provoca o genera un *efecto*.

Poder sustentar las hipótesis presentadas en este libro, realmente fue muy difícil, porque hubo que investigar mucho, para poder lograr una secuencia aproximada, de la **Evolución de la Energía y la Materia** desde el Estado Inicial del Universo o estado anterior al Big Bang y del procedimiento seguido por nuestra madre naturaleza, para que, partiendo de un momento cero, con la energía-masa existente cercana al cero absoluto, de un grupo de **fotones**, de los que siempre han impregnado y conectado el infinito firmamento, generaran el Big Bang y, así pudiéramos acercarnos a una explicación más ajustada de la existencia de un *Fondo cósmico Fotónico*, un Éter o ***medio*** (formado por **fotones**), que facilitara el **Origen de la Materia y del Universo**, mediante un proceso que, a su vez, generó a la primera Estrella o **Estrella Madre** y dentro de ella, la formación de los primeros 26 átomos de la naturaleza. Además que en este medio pueda transmitirse el electromagnetismo y la fuerza de la Gravedad.

Aspiro a haber logrado dar respuestas lo más acertadas posibles a las preguntas que se formuló Stephen Hawking y que se ha hecho toda la humanidad, referente al **Origen de la Materia y del Universo**. Tratando además de trazar el camino para *el triunfo de la razón humana*, sobre algunos dogmas y *modelos científicos anacrónicos*.

Del fondo del salón emergió una gran voz, como si fuera un trueno, era Viejoyá, quien se expresó así: ¡Ahora puedo morir tranquilo! Sí amigos, desde cuando tenía 17 años, en mis horas libres, me inicié en el estudio de libros sagrados, profanos y aún de ciencia y, empecé a observar que algo no encajaba en mi percepción, del Origen del Universo y de la Vida. Ahora, por fin, gracias a los conocimientos que he logrado, ¡podré volar tranquilo al insondable espacio!

RECONOCIMIENTOS

Este trabajo tan aparentemente sencillo, casi que con la fluidez que utiliza la madre naturaleza, es en realidad, el producto de la inteligencia, el amor, la entrega, el esfuerzo, dedicación, etc., que, por largos años, han destinado muchísimos pioneros del saber, verdaderos hombres y mujeres de ciencia, para que el ser humano pueda tener ideas y explicaciones, acerca del Origen de la Materia, del Universo y de la Vida, así como su evolución.

Un reconocimiento y un tributo de admiración, gratitud y respeto a todos los autores e investigadores científicos, consultados sobre el origen de la Materia y del Universo. Matemáticos, físicos, químicos, filósofos y estudiosos ampliamente conocidos, algunos de ellos ya citados en la presentación de este libro, y sin los cuales no se hubieran podido lograr los extraordinarios resultados aquí expuestos. Y, en especial, a León Max Lederman, quien nos motivó a estudiar física cuántica. A todos, mi gran admiración.

Igualmente, mi inmensa gratitud a todos los países y organizaciones de carácter científico que, gracias a sus ingentes aportes investigativos y económicos, han contribuido enormemente al desarrollo de las tecnologías y a la implementación de grandes y sofisticados laboratorios para la obtención de hallazgos y maravillosos inventos, sin los cuales no podría haber llegado a conclusiones certeras.

BIBLIOGRAFÍA

Los sobresalientes resultados expuestos en esta edición, tal como lo anuncié en la presentación, han sido el fruto de una ardua labor de investigación y recopilación de hechos y hallazgos ampliamente conocidos y cuidadosamente explorados por ingentes investigadores, todos ellos eminentes filósofos, físicos, químicos y estudiosos de los fenómenos del Universo, algunos de ellos citados al inicio del libro y otros tantos, entre ellos:

Demócrito, Antoine Lavoisier, Mikhail Lomonósov, Cecil Powell, Robert Brout, Gerald Guralnik, Carl Hagen, Erwin Schrödinge, Tom Kibble, Arthur Stanley Eddington, Max Jammer, Javier Santaolalla y otros no menos importantes.

Para la elaboración de este trabajo fue necesario consultar tantos autores, que es imposible citarlos en cada párrafo, pues dificultaría la lectura fluida y, si se hace al final del libro, cubriría demasiadas páginas. Para aclarar dudas, el lector puede hacerlo por internet.

De todas maneras, mi gratitud, admiración y respeto a todos los investigadores científicos, a todos los autores científicos, a todos los que han editado investigación científica, a todos los que han recopilado información científica, como es el caso de **Wikipedia**, que ha sido de gran ayuda para mí y, a León Lederman, quien con sus obras me motivó a escribir este libro.

A continuación, las páginas y autores que corresponden a las citas referenciadas a través del libro:

1. Teoría del Big Bang – Wikipedia e Interuniversidades

2. Supersólido - WikiZero

3. Superfluidez – Juan Carlos Lopez - Xataka

4. Condensado de Bose-Einstein - Juan Carlos Lopez - Xataka

5. Los Bariones - Unionpedia

6. Masa del Bosón de Higgs – Wikipedia

7. Masa de los fotones – Wikipedia

6. DR. Hugo Cecil Flores - PORTAFOLIO DE BIOFISICA

7. Fred Hoyle Concepto de Energía - Medialab

8. Fred Hoyle - Niveles de energía atómica del carbono - Academic

9. Chien-Yeah Seng - Evidencia de una nueva física de partículas

10. Éter - Wikipedia

11. Big Bang - Taringa

ACERCA DEL AUTOR

Después de trabajar para varias multinacionales liderando grandes equipos y produciendo grandes recursos económicos para estas empresas, Javier Arias G decidió dedicarse a la investigación científica utilizando todos los medios, incluidos los artículos publicados en revistas científicas de alto impacto y haciendo uso de la Física aplicada, así como de la filosofía.

Simultáneamente con las cátedras del colegio, de la universidad y con el desempeño laboral y, debido a que algo de las teorías científicas y filosóficas no encajaban con sus interrogantes acerca la historia más temprana del Origen del Universo, de la Vida y su evolución, entonces, hace más de 9 años se dedicó casi que día y noche a investigar y recopilar las novedades y los avances científicos necesarios, para poder sustentar las hipótesis acá presentadas.

Estos 9 años hubieran sido suficientes para sacar un Doctorado en Física Cuántica y en Filosofía; pero se optó por la investigación independiente para no quedar atrapado en los cánones que imponen las cátedras universitarias, que aunque son necesarios y plausibles, pueden llegar a limitar la creatividad, la innovación y el ejercicio de la aplicación filosófica al desarrollo científico. Por ejemplo, uno como físico cuántico puede convertirse en un verdadero doctor en la teoría del Bosón de Higgs; pero puede descuidar otros temas y teorías que garanticen un contexto filosófico del origen de la Materia.

Como se dijo atrás, las *hipótesis* aquí presentadas se han tomado a su vez, de hipótesis y de teorías ya existentes, tal como lo hicieron Copérnico, Newton, Planck, Einstein, James Clerk Maxwell y muchos otros hombres de ciencia, quienes, aunque no trabajaron en sofisticados laboratorios, ni disponían de bases experimentales propias, produjeron teorías totalmente válidas. Esto lo lograron investigando, observando, razonando y deduciendo, hasta llegar a conclusiones lógicas.

Definitivamente, su contacto más profundo con la física cuántica, fue a partir de la lectura del libro «la Partícula Divina» de LEON LEDERMAN, así como en las bibliotecas de las universidades y, cuando descubrió que era una disciplina científica, que le gustaba por varios motivos: en primer lugar, porque posee un alto contenido matemático ya que desde siempre le apasionaron las matemáticas. Además, porque ha abierto las puertas que nos han permitido entender mejor las leyes que subyacen en el mundo en el que vivimos. Finalmente, porque es una ciencia con gran influencia filosófica, disciplina ésta que desde su juventud le interesó profundamente.

www.origendelorigen.com

¡Gracias por leer el libro! ¡Por favor deja una corta reseña de cómo te pareció, me encantaría saber su opinión!

www.ingramcontent.com/pod-product-compliance
Lightning Source LLC
Chambersburg PA
CBHW052348220526
45465CB00003BA/1016